Restez à la campagne ;
Là sont le bonheur et les véritables richesses.

TRAITÉ
D'AGRICULTURE

A L'USAGE DES ÉCOLES
ET DES AUTRES ÉTABLISSEMENTS D'INSTRUCTION
PUBLIQUE,

Où sont soigneusement développées toutes les questions
d'agriculture contenues dans le Programme d'ensei-
gnement pour les Écoles normales primaires
publié par S. Ex. M. le Ministre de l'Instruction publique, le 31 juillet 1851 ;

Livre de lecture courante pour les Écoles primaires ;

Par Eugène GROLLIER,

Avocat, et Inspecteur de l'instruction primaire, qui a été honoré, comme agriculteur, de plusieurs médailles, dont
une, en or, lui a été décernée par M. le Ministre
de l'Agriculture.

Voir l'autorisation au *verso* du faux-titre.

Troisième édition. — Prix 1 fr. 10 cent.

A PLOERMEL (MORBIHAN),
CHEZ L'AUTEUR,
ET A PARIS, CHEZ Mme VEUVE MAIRE-NYON,
LIBRAIRE, QUAI CONTI, 13.

1854.

S

TRAITÉ
D'AGRICULTURE.

SOCIÉTÉ POUR L'INSTRUCTION ÉLÉMENTAIRE,
12, rue Taranne, Paris.

Extrait du procès-verbal de la séance générale du 25 juin 1854, de la Société pour l'Instruction élémentaire fondée à Paris en 1815, reconnue établissement d'utilité publique, ordonnance du 27 avril 1831.

Paris, 25 juin 1854.

La Société pour l'instruction élémentaire, réunie en assemblée générale du 25 juin 1854, après avoir entendu le rapport de M. Waille, au nom des comités des livres et des méthodes, décide qu'une médaille de bronze sera décernée à M. GROLLIER, pour son ouvrage intitulé TRAITÉ D'AGRICULTURE À L'USAGE DES ÉCOLES, et M. le Président remet cette médaille à l'auteur au milieu des applaudissemen's de l'assemblée.

Le Rapporteur, WAILLE.

Pour copie conforme,
Le Président A. MICHELOT.

GODART DE SAPONAY; JOMARD, P. HON.

———————

A la sollicitation de l'Autorité préfectorale et du Conseil académique de Saône-et-Loire, son Ex. M. le Ministre de l'instruction publique a pris une décision dont il a été donné avis à l'auteur par la lettre suivante :

Académie départementale de Saône-et-Loire. — N° 490.

Mâcon, le 7 mai 1853.

MONSIEUR L'INSPECTEUR,

Je m'empresse de vous annoncer que, par une décision en date du 6 courant, M. le Ministre m'a autorisé à tolérer dans les écoles l'usage de votre *Traité d'Agriculture*, jusqu'à ce que le Conseil impérial ait porté un jugement sur cet ouvrage.

Recevez, Monsieur l'Inspecteur, l'assurance de ma considération distinguée.

Le Recteur, DESNOZIERS.

A M. GROLLIER, inspecteur de l'Instruction primaire à Louhans (Saône-et-Loire).

Restez à la campagne ;
Là sont le bonheur et les véritables richesses.

TRAITÉ
D'AGRICULTURE

A L'USAGE DES ÉCOLES
ET DES AUTRES ÉTABLISSEMENTS D'INSTRUCTION
PUBLIQUE,

Où sont soigneusement développées toutes les questions
d'agriculture contenues dans le Programme d'ensei-
gnement pour les Écoles normales primaires,
publié par S. Exc. M. le Ministre de l'Instruction publique le 31 juillet 1851 ;

Livre de lecture courante pour les Écoles primaires ;

Par Eugène GROLLIER,

Avocat et Inspecteur de l'Instruction primaire, qui a été honoré,
comme agriculteur et pour avoir composé ce livre,
de plusieurs médailles, dont une, en or, lui a été
décernée par M. le Ministre de l'Agriculture.

Troisième édition. — Prix : 1 fr. 10 cent.

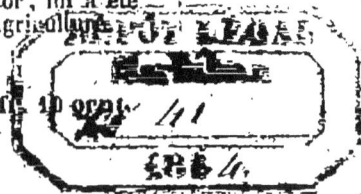

A PLOERMEL (MORBIHAN),
CHEZ L'AUTEUR ;
A PARIS,
CHEZ Mme VEUVE MAIRE-NYON,
LIBRAIRE QUAI CONTI, 13.
1855.

Tout exemplaire non revêtu de la signature de l'auteur sera considéré comme contrefait, et tout contrefacteur ou débitant de contrefaçon sera poursuivi selon la rigueur de la loi.

Vannes. — Imp. de Gustave de Lamarzelle.

A M. BOURLON, *Député au Corps législatif ;*

Et à M. Jules de RIVAUD, comte de la Raffinière,
Préfet des Côtes-du-Nord.

MESSIEURS,

Désireux, toute ma vie, de venir en aide à une des classes les plus intéressantes de la société, celle des agriculteurs, j'ai consacré les loisirs que me laissent mes modestes fonctions, à composer un ouvrage destiné à faire pénétrer, dans les écoles des campagnes, les notions les plus essentielles de l'art agricole moderne.

J'ose vous offrir l'hommage de mon livre,

A vous, Monsieur le Député, uni par le sang à l'un des plus illustres maréchaux de France (1);

A vous, dont la grande fortune est généreusement employée à soulager ceux qui souffrent et à répandre le bien dans l'arrondissement de Civray, et dont la haute capacité est justement appréciée, dans les conseils privés ou publics, pour les grandes entreprises ;

A vous, qui aimez aussi à encourager cette autre source non moins féconde de prospérité, l'agriculture ;

A vous, Monsieur le Préfet, qui, bien que fils d'un général dont le nom vivra aussi longtemps que celui de Marengo, vous étiez retiré, il y a quelques années, à la

(1) Le maréchal Clouzel.

campagne, pour mettre en pratique les préceptes des plus célèbres agronomes, et concourir, par vos expériences et votre noble exemple, au développement de l'art agricole.

Vous obteniez, permettez-moi de vous le rappeler, des succès dans la culture des plantes sarclées, dans l'éducation des bêtes à laine, et dans une nouvelle manière d'élever les animaux de la race bovine.

Souvent, vous me fîtes l'honneur de visiter mes plantations, et vous fûtes l'un des huit membres de la Commission nommée par le Comice agricole de notre pays, qui, après avoir examiné mon exploitation, me décerna une médaille d'argent.

Daignez, Messieurs, agréer ce faible témoignage d'une vive reconnaissance, inspirée par l'intérêt dont vous m'avez donné des preuves si nombreuses. Trop heureux si je puis par là m'acquitter d'une partie de ma dette, et continuer de mériter votre estime et votre bienveillance.

Recevez, Messieurs, l'hommage du profond respect avec lequel je suis votre très-humble serviteur,

E. GROLLIER.

NOTICE

Concernant les récompenses honorifiques accordées à diverses époques à Eugène Grollier, agriculteur praticien, auteur de cet ouvrage.

Une médaille d'argent lui a été décernée, le 10 août 1845, par un jury présidé par le maire de Poitiers, d'après le rapport de M. Béra, avocat-général, membre du Conseil municipal et de la Société d'agriculture, belles-lettres, sciences et arts, secrétaire-rapporteur.

Une seconde Médaille en argent lui a été délivrée par une Commission, composée de huit membres, du Comice agricole de Couhé (Vienne), qui avait été nommée pour visiter les exploitations les mieux dirigées. Voici un extrait du registre des délibérations de ce Comice qui constate ce fait :

« L'an 1847, le 8 novembre, le bureau d'administration s'est réuni sur les onze heures, etc.

« M. le Président a également fait connaître le résultat du travail de la Commission chargée de visiter les exploitations les mieux dirigées, entretenant le mieux la plus forte proportion du meilleur bétail...

« Votre Commission a trouvé que l'exploitation de M. EUGÈNE GROLLIER était tout exceptionnelle et s'éloignait entièrement des méthodes usitées dans le pays ; elle a pensé que cette exploitation, qui déjà donne de grandes espérances, ne pouvait pas entrer en comparaison avec toutes celles qu'elle avait été appelée à visiter, et que les efforts de M. GROLLIER méritent une récompense particulière : elle lui a donc décerné une médaille d'argent en dehors du programme.

« Fait à Couhé, les jour, mois et an ci-dessus.

« *Signé* : C. DESMAREST, secrétaire;

« LARCLAUSE, président. »

Une troisième médaille en or a été accordée à M. EUGÈNE GROLLIER par M. le Ministre, d'après le rapport d'un inspecteur d'agriculture. Voici la copie de la lettre qu'il a-

reçue, à cette occasion, du Ministère de l'agriculture et du commerce :

« *A M. Eugène GROLLIER, agriculteur à Sabouraux, canton de Couhé (Vienne).*

« Paris, le 31 mars 1849.

« MONSIEUR,

« J'ai l'honneur de vous annoncer que j'adresse aujourd'hui même à M. le Préfet de la Vienne, la médaille d'or qui vous a été accordée cette année par l'administration de l'agriculture, en récompense de vos utiles expériences et des louables efforts que vous avez faits pour introduire dans le pays où vous vous êtes fixé des industries agricoles nouvelles qui sont dignes d'encouragement.

« Recevez, Monsieur, l'assurance de ma considération distinguée.

« *Le Ministre de l'agriculture et du commerce,*

« L. BUFFET. »

INTRODUCTION.

J'ai composé ce livre parce qu'après ma nomination d'inspecteur de l'instruction primaire
j'ai été fort surpris, en visitant les écoles de campagne, qui ne sont fréquentées que par des
fils de cultivateurs, de n'y trouver aucun ouvrage d'agriculture. Plusieurs hommes éclairés,
auxquels j'ai communiqué cette remarque, ont
pensé qu'il était très malheureux que le gouver-
nement ne se fût pas depuis longtemps appliqué
à introduire dans les écoles rurales des livres
indiquant les principales découvertes qui ont
été faites depuis un siècle pour féconder la terre.
En effet, il en est résulté que les enfants des pay-
sans, voyant qu'on ne leur parlait point du mé-
tier de leurs pères, se sont imaginé que labourer était la dernière des industries ; dès lors ils
ont éprouvé du dédain pour leurs parents, et
l'idée d'aller chercher un sort meilleur dans les
grandes villes a germé dans toutes les jeunes
têtes villageoises ; de sorte que Paris surtout
s'est rempli d'ouvriers qu'on n'a pu entretenir

de travail, tandis que l'agriculture manquait de bras : les conséquences de ce funeste état de choses ont été, en 1847 la famine, et en 1848 la république et les désastreuses journées de juin.

Le passé prouve donc combien il importe que les enfants des cultivateurs restent à la campagne; le meilleur moyen pour obtenir cet heureux résultat est de leur apprendre à retirer de la terre plus de revenu qu'elle n'en a généralement rapporté jusqu'à ce moment. Dans ce but, j'ai fait des recherches dans les meilleurs auteurs modernes français et étrangers; j'en ai extrait ce qui m'a paru le plus intéressant, en m'attachant surtout à consigner les progrès faits depuis 60 ans par l'art agricole; ces progrès permettent de rendre extrêmement fertile un sol resté stérile depuis le commencement du monde. Telles sont les matières dont mon livre est le résumé.

Il est à remarquer que les gages des domestiques augmentent continuellement, parce que l'attraction que les grandes villes exercent sur la population rurale se fait de plus en plus sentir; mais, en mettant de bonne heure entre les mains des jeunes villageois des livres propres à leur inspirer l'amour des travaux des champs, ces jeunes gens prendront insensiblement du goût pour l'agriculture; peu à peu ils éprouveront le désir d'essayer quelques-uns des pro-

cédés dont ils auront lu la description : tandis
que leur imagination sera occupée de ces inno-
cents projets, ils travailleront à la terre avec
moins d'indifférence; l'espoir de pouvoir parvenir à s'enrichir dans leurs villages éloignera de
leur esprit l'idée de quitter le lieu de leur naissance, et les bras deviendront moins rares à la
campagne aux époques où l'on en a le plus grand
besoin. Ces gens, que l'on accuse avec raison
aujourd'hui d'arrêter l'essor de l'agriculture par
leur ignorance en cette matière, par leur rou-
tine et leur force d'inertie, ayant été initiés dans
les écoles primaires aux procédés nouveaux que
les hommes de progrès voudront leur faire pratiquer, seconderont ces derniers avec ardeur,
au lieu de les contrecarrer, comme cela arrive
maintenant.

D'un autre côté, la classe des manœuvres agricoles s'en trouvera beaucoup mieux, car l'expérience prouve que les campagnards qui vont
dans les grandes villes, et surtout à Paris, y manquent d'ouvrage les trois quarts de l'année; que
la nécessité les force le plus souvent de devenir
malfaiteurs, et qu'ils terminent ordinairement
leur vie de la manière la plus déplorable, dans
les cachots, en exil, et quelquefois sur l'écha-
faud : tandis que, s'ils étaient restés à la campagne, en s'appliquant à cultiver leurs champs
et à bien soigner leurs bestiaux ils auraient ac-

quis une modeste aisance, et ils auraient vécu heureux au milieu de leurs familles!.....

Il ne suffit pas d'être actif et instruit en agriculture, de confier les semences à la terre en temps et lieux convenables, et de donner aux végétaux les façons et aux troupeaux les soins qui leur sont nécessaires : car combien de fois le cultivateur n'a-t-il pas vu ses espérances déçues au moment où elles allaient se réaliser !

Après les semailles, quand votre grain est né, des insectes malfaisants et voraces peuvent le ronger, alors il est transformé en une plante extrêmement délicate ; une température trop douce peut déterminer une végétation prématurée, qui, arrêtée par un froid subit, sera suivie de stérilité ; des torrents dévastateurs, descendus des montagnes, peuvent emporter vos blés et même le sol végétal de vos terres; enfin, un froid intense peut vous enlever en quelques semaines le fruit de vos longs et pénibles travaux.

Au printemps, des myriades de chenilles peuvent dévorer en peu de jours les feuilles et les bourgeons de vos arbres.

Enfin, au moment de moissonner ou de vendanger, un orage, laissant échapper de ses flancs une grêle meurtrière, peut mettre en pièces les épis et les raisins qui vous remplissaient la veille d'espérance et de joie.

Pendant ces désastres, qu'aucune science humaine ne peut conjurer, glacés de crainte et d'effroi, vous reconnaissez alors qu'il se trouve une puissance au-dessus de l'homme. Abattus, consternés, vous réfléchissez à votre néant, et vous concevez combien vous êtes peu au milieu des merveilles de l'univers.

Mais, revenant bientôt de votre terreur, vous écoutez de nouveau avec crédulité les discours insensés de blasphémateurs qui nient l'existence de Dieu : cependant le magnifique spectacle de la nature ne suffit-il pas seul pour confondre les athées? Songez, en effet, que la majeure partie des étoiles qui scintillent au-dessus de nos têtes sont autant de soleils, autour de chacun desquels un grand nombre de planètes, telles que la terre, roulent au milieu de l'espace, sans appui, sans se heurter, et sans jamais dévier de leurs routes!

Est-il croyable que cet astre resplendissant de lumière, source de la chaleur bienfaisante qui fait mûrir les moissons, et dont nos faibles regards ne peuvent seulement pas supporter l'éclat, soit l'ouvrage des hommes ou du hasard? Non, sa magnificence révèle au-dessus de nous, misérables créatures, la puissance invisible de Dieu, qui soutient dans les airs les corps célestes, leur communique le mouvement, fait fructifier les semences que le cultivateur confie à la

terre, multiplie les troupeaux, et change un pé-
pin presque imperceptible en un arbre colossal!

Il résulte donc de tout ce que nous venons
de dire précédemment, et aussi des paroles de
saint Paul, que « ce n'est pas celui qui plante
« qui est quelque chose, ni celui qui arrose,
« mais Dieu, qui donne l'accroissement. » Ainsi,
lorsqu'un cultivateur a mis tous ses soins pour
bien faire ses semailles, il lui reste encore une
grande tâche à remplir afin d'obtenir une bonne
récolte, c'est de se rendre le maître de l'univers
favorable. Voici comment il faut agir pour atteindre à ce but; le Seigneur nous l'enseigne lui-
même, car il disait autrefois à son peuple, et
dans la personne de celui-ci il dit à tous les
peuples d'aujourd'hui (Livre du *Lévitique*, et
Deutéronome) : « Si vous marchez selon mes
« préceptes, si vous gardez et pratiquez mes
« commandements, je vous donnerai les pluies
« propres à chaque saison; vos terres produi-
« ront des grains, et vos arbres seront remplis
« de fruits; vous serez dans l'abondance de
« toutes sortes de biens; vos bestiaux prospé-
« reront et se multiplieront ; vous vivrez sans
« inquiétude et sans crainte, car j'établirai la
« paix dans l'étendue de votre pays.

« Mais, si vous n'écoutez point mes comman-
« dements, j'enverrai parmi vous l'indigence
« et la famine, et je répandrai ma malédiction

« sur tous vos travaux, qui seront rendus inu-
« tiles, pour vous punir de vos actions pleines
« de malice.

« Vous sèmerez beaucoup de grains dans vos
« terres, et vous en recueillerez peu; vous plan-
« terez la vigne et vous la labourerez, mais
« vous n'en boirez pas le vin et vous n'en re-
« cueillerez rien, parce qu'elle coulera ou sera
« gâtée par les vers.

« La nielle consumera tous vos arbres et les
« fruits de votre terre. »

Ne semblerait-il pas que ces menaces doivent
avoir leur accomplissement de nos jours, où
l'on remarque dans les masses tant d'irréligion
et de méchanceté!

Toutes les calamités qui désolent l'humanité
depuis quelque temps sont assurément bien de
nature à nous inspirer de sérieuses réflexions
à ce sujet. L'Europe, qui était jadis un pays très-
salubre, est maintenant fort souvent dévastée
par une espèce de peste nommée le choléra.

Nous sommes menacés de perdre ce tubercule
providentiel (la pomme de terre) qu'on appe-
lait le pain du pauvre, et qui semblait devoir
nous préserver à jamais de la famine.

La vigne est frappée d'une affreuse maladie,
contre laquelle la science semble impuissante.

Enfin, un fléau destructeur a aussi commencé à attaquer le blé.

Si ces trois plantes cessaient de fournir à notre alimentation, que deviendrions-nous?

Est-il raisonnable de croire que c'est par hasard que tous ces fléaux nous accablent? La classe la plus éclairée de la société s'est livrée à ce sujet à de profondes méditations ; et maintenant elle ne se borne plus à chercher dans la chimie des remèdes aux maladies qui menacent de nous ravir les plantes dont nous tirons notre subsistance, elle sent aussi la nécessité d'implorer, dans son adversité, le secours de la Providence divine, en sorte que jamais on n'a vu les hommes remarquables par leur haute position sociale et leur intelligence, mettre plus d'empressement à accomplir leurs devoirs religieux.

Suivons donc ce bon exemple, qui nous a déjà été donné autrefois non-seulement par des séculiers, mais encore par d'illustres guerriers, tels que Charlemagne, saint Louis, Bayard et Turenne! Quand des hommes aussi distingués ont pratiqué avec tant de respect la religion chrétienne, ne devons-nous pas être fiers de marcher sur leurs traces?

N'oublions pas, non plus, que le travail est la condition, la destination de l'homme..... Que de vaines pensées, que de mauvaises inspirations nous assailliraient si nous n'étions pas protégés par la nécessité du travail, qui éloigne les illusions en nous ramenant sans cesse au positif et au vrai! Le travail met en jeu toutes nos facultés; il les aiguise, il les fortifie. S'il est un frein dont nous ne pouvons nous passer, il est aussi pour nous une consolation et la source des plus nobles jouissances (1).

Inspirons donc de bonne heure aux enfants l'estime et le goût du travail.

Examinons maintenant quel est le genre d'occupation que l'on doit préférer. Le séjour dans les manufactures est nuisible au corps et à l'âme: au corps, parce que l'expérience prouve que les ouvriers employés dans ces établissements ont une vieillesse prématurée, attendu qu'ils respirent continuellement un air impur, tant dans les fabriques où ils sont entassés que dans les logements insalubres où la nécessité les force de se retirer pendant la nuit; à l'âme, parce que, dans ces grandes agglomérations d'hommes, un sujet pervers suffit pour gâter tous ceux avec lesquels il se trouve en contact: d'ailleurs, cette classe a, en général, des habitudes très-licencieuses.

Les travaux de la campagne, au contraire, prolongent l'existence; ils sont essentiellement favorables à la conservation des bonnes mœurs;

(1) Coquille.

et, comme « tout fleurit dans un état où fleurit « l'agriculture, » dit Sully, « c'est donc vers cette dernière, » et non vers l'industrie, que l'on doit généralement s'efforcer de diriger les idées de la jeunesse, dans l'intérêt de la santé des masses, de la religion, de la morale, de la paix intérieure et de la prospérité publique.

À ces fins, il est urgent de mettre de bonne heure entre les mains des enfants de la campagne des ouvrages propres à leur faire aimer les travaux des champs; je pense que le mien remplira ce but: puisse mon espoir se réaliser!

TRAITÉ D'AGRICULTURE.

CHAPITRE PREMIER.

De la Culture en général.

Terres fortes. — Terres franches. — Terres légères. — Terres calcaires. — Amendements. — Engrais.

Terres fortes (terrain argileux ou glaiseux).

Le terrain argileux a beaucoup de ténacité, il est très-compacte et très-adhérent; ce qui le rend fort difficile à façonner; aussi faut-il souvent, pour le labourer, atteler quatre à six bêtes de trait: par ce motif, on l'appelle fort. Il est susceptible de s'imprégner d'une grande quantité d'eau et de la retenir fort longtemps, ce qui fait que les plantes y résistent mieux à la sécheresse que dans le terrain sableux. La terre argileuse s'échauffe plus lentement que le sable, et perd sa chaleur plus vite que ce dernier; de là vient qu'à circonstances égales elle sèche plus lentement que la terre sablonneuse;

et la récolte y est plus tardive. Il n'est pas convenable, en été, de la travailler à l'état humide,
car alors elle se prend en mottes; il est avantageux, au contraire, de labourer ce sol avant l'hiver, car l'influence du froid le rend plus friable.
L'air le pénètre plus difficilement, à cause de sa
ténacité; ce qui fait que l'action du fumier s'y
maintient plus longtemps que dans le sol sablonneux. C'est par ce motif que l'on donne
aux terres fortes une bonne fumure, seulement
tous les trois ou quatre ans, tandis qu'il faut fumer les terrains sablonneux tous les ans ou tous
les deux ans.

On parvient à améliorer le terrain argileux
et à en diminuer la ténacité, en le mélangeant
avec des terres légères meubles, comme, par
exemple, de la terre et de la marne sablonneuses
et calcaires, ou avec des plâtras de démolitions.

Parmi les céréales, le froment et l'avoine
conviennent particulièrement aux terres fortes,
pour peu qu'elles soient plus humides que sèches; ce qui est le cas le plus ordinaire. Les
graminées vivaces y forment de bonnes prairies
naturelles.

Les fèves y réussissent de préférence. Les
pois, les vesces et les gesses, la chicorée, les

choux, peuvent y procurer des fourrages ; les rutabagas, les choux-raves, les betteraves, le colza, le pavot et la moutarde y viennent bien.

Souvent le meilleur moyen d'utiliser ces sortes de sols est de les planter en arbres. Les bois blancs, bouleaux, trembles, etc., y réussissent généralement ; conduits en taillis ou en tétards, comme cela se pratique pour les oseraies, ils rapportent beaucoup.

Terres franches.

La terre franche est un mélange d'à peu près parties égales de glaise ou argile et de sable. On la désigne par le nom de terre franche légère lorsqu'il y a plus de sable que de glaise ; avec une proportion de sable plus forte encore, on l'appelle terre franche sableuse.

La terre franche est moins difficile à façonner que la terre forte. Lorsque c'est le sable qui y domine, elle retient mieux la chaleur ; elle conserve davantage l'humidité quand la glaise y est prépondérante. La terre franche est le meilleur de tous les sols, car elle est propre à la culture de presque toutes les plantes, et un temps défavorable lui est moins nuisible qu'aux autres terrains. La terre franche est particulièrement

propice aux céréales, aux farineux, au trèfle
et aux plantes fourragères, aux pommes de
terre, aux navets ; à la plupart des plantes com-
merciales, comme le colza, le lin et le tabac,
la garance, etc. L'orge réussit de préférence
dans ce terrain ; on l'appelle, par ce motif, terre
à orge.

Terres légères ou sableuses.

Les terrains légers ou sableux offrent des inconvénients et des avantages diamétralement
opposés à ceux des argiles ; ils ne peuvent retenir l'eau au profit de la végétation ; celle des
pluies et des arrosements les traverse comme
elle ferait d'un crible. Ils s'échauffent, à la vérité,
facilement au printemps ; mais, par la même
raison, ils se dessèchent promptement et deviennent brûlants en été.

Leur culture est peu coûteuse ; il est toujours
facile de trouver le moment de les labourer ;
car, quelque humides que soient ces terres,
elles ne forment jamais pâte, comme les argiles,
et quand elles sont sèches elles n'offrent pas
une grande résistance.

Elles n'exigent pas, d'ailleurs, des labours
fréquents, parce qu'elles se laissent facilement
pénétrer par les gaz atmosphériques et par les

racines ; mais aussi leur mobilité les rend peu propres à offrir à ces dernières un point d'appui de solidité convenable.

Il est assez aisé d'amender les terrains sableux lorsqu'ils reposent sur un sous-sol d'argile, dont on peut ramener une partie à la surface en donnant un second trait de charrue au fond de chaque sillon.

Tous les amendements qui peuvent augmenter la consistance des sols sableux leur sont favorables. Nous conseillerons, par exemple, d'y introduire des argiles marneuses ; leurs effets dépassent pour ainsi dire toute croyance.

Terres calcaires.

La chaux, lorsqu'elle se trouve sans mélange, est aussi impropre et plus impropre même à la culture que l'argile pure et le sable pur. Cependant, avec un mélange convenable d'argile et de sable, les terres calcaires peuvent devenir très-fertiles : elles sont faciles à façonner en temps de sécheresse, lorsqu'elles n'ont qu'une humidité moyenne ; quand elles sont très-humides, elles deviennent souvent très-boueuses ; mais elles sèchent toujours au bout de quelques jours, et redeviennent grenues ; les labours pendant qu'elles sont humides ne leur nuisent pas autant qu'aux terres fortes. Elles absorbent plus d'eau que la terre sableuse, et moins que les terres fortes et franches; elles sèchent plus vite que le terrain argileux, ce qui fait que les plantes y deviennent souffreteuses dans les années arides. Le terrain calcaire ayant la propriété de s'échauffer rapidement et de retenir plus longtemps la chaleur, on le classe parmi les terrains chauds et brûlants. Il exige beaucoup d'engrais, qu'il décompose vite; c'est le fumier des bêtes bovines, bien consommé, qui lui convient particulièrement. Ce sol absorbe l'acidité des végétaux en décomposition, et favorise par là la croissance de la plupart des plantes cultivées. Le terrain calcaire se prête spécialement à la culture du froment, de l'épeautre, de l'avoine, du blé amidonnier, de l'orge, de la luzerne, et surtout de l'esparcette. Une trop grande proportion de chaux ou de sable lui fai beaucoup perdre de sa valeur; mais on peut l'a méliorer en le mélangeant avec de l'argile o de la marne argileuse.

Du sous-sol et de son influence.

On désigne sous la dénomination de sousla couche de terre, de pierre ou de roche, placée immédiatement au-dessous du sol cultivé, et sur laquelle repose celui-ci. Son influence sur les qualités des terres et l'avantage ou le désavantage que présente son mélange, en raison de sa nature, rendent son étude et sa connaissance très-importantes pour le cultivateur. Si ce dernier veut immédiatement obtenir une bonne récolte de céréales, sans s'embarrasser de l'amélioration progressive du sol, il doit s'abstenir de mêler, en labourant, une partie du sous-sol avec la couche de terre végétale que l'on a coutume de remuer; parce que ce sous-sol, non imprégné d'engrais, et que n'a point fécondé l'influence atmosphérique, nuirait indubitablement aux premières récoltes.

Mais si le cultivateur veut améliorer le fonds de sa terre; si, au lieu de s'occuper spécialement de la récolte d'une seule année, il veut agir en prévision de plusieurs récoltes, alors les labours profonds deviennent les plus avantageux, parce qu'ils augmentent l'épaisseur de la couche cultivable, donnent ainsi aux racines la possibilité de s'enfoncer plus avant, et les mettent en contact avec une plus grande étendue de matières alimentaires.

Par cette raison, la plante est mieux nourrie, les tuyaux sont plus gros, les végétaux tiennent plus au sol, et les pluies et les vents ne peuvent les renverser, les coucher que difficilement. Un autre avantage, c'est qu'un temps sec long-temps continué les fait moins languir, parce qu'une terre remuée profondément conserve longtemps de l'humidité dans ses couches inférieures. Enfin, les labours profonds enfouissent bas et font périr une foule de graines qui, enterrées moins profondément, auraient encore végété et nui à la récolte.

Imperméabilité du sous-sol pour les eaux.

C'est le plus communément à l'imperméabilité de la couche inférieure qu'est due la trop grande humidité du sol. Lorsqu'il en est ainsi et que le terrain n'a pas de pente, l'eau, ne pouvant ni s'égoutter, ni découler, est retenue comme dans un bassin, la terre meuble devient semblable à une bouillie, et cette humidité excessive est très-nuisible à la plupart des plantes cultivées.

On diminue cet inconvénient en donnant les labours par sillons suffisamment relevés, en pratiquant des écoulements dans les champs et dans les prairies au moyen de saignées plus ou moins profondes et nombreuses. En Angleterre, où l'excès de l'humidité a fait plus qu'en France chercher les moyens d'y obvier, on est dans l'usage de pratiquer de nombreux trous dans les terres où il se trouve au-dessous du sous-sol imperméable une couche perméable; on doit faire ces trous dans les endroits où les eaux s'amassent davantage à la surface.

Moyens d'apprécier les qualités des sols.

L'apparence physique peut servir très-utilement à apprécier les qualités des sols.

Une terre brune ou de couleur jaune et divisée offrira les premiers indices de fertilité. A quelques centimètres, elle devra être assez humide et tenace pour s'agglomérer sous la pression des mains et redevenir pulvérulente ou facilement divisible entre les doigts.

Au premier coup-d'œil on peut souvent reconnaître un sol de mauvaise nature : lorsque, par exemple, ses parties ne contractent aucune adhérence entre elles, qu'elles présentent de très-larges crevasses durant les sécheresses, ou qu'elles se couvrent d'eau pendant les pluies et adhèrent très-fortement aux pieds comme à tous les ustensiles aratoires.

Les sols trop argileux ou trop sableux se dé-
notent très-bein, en général, après le labour et
le premier hersage. Ainsi, la terre argileuse humide reste en mottes ou tranches consistantes.

Le sol sableux est alors, au contraire, pul-
vérulent, en grains sans adhérence, offrant à
peine les traces de sillons.

Le sol meuble et la terre bien amendée, con-
tenant des débris organiques, offrent dans les
mêmes circonstances une forme moins pulvéru-
leute; ses parties adhèrent légèrement entre
elles, en sorte que les sillons y restent large-
ment tracés.

De l'humus.

Par humus on entend une masse pulvérulente, meuble, légère, noirâtre, formée par les
détritus de la putréfaction des substances animales et végétales, et que l'on désigne vulgairement par le nom de terreau. En délayant l'humus
dans de l'eau, on obtient une liqueur brune;
c'est cette matière brune, soluble dans l'eau,
qui, absorbée par les extrémités du chevelu des
racines, forme la principale nourriture des
plantes. Cette substance est introduite dans le
sol par les différents engrais; elle produit de
très-bons effets, non-seulement comme fumier,

mais encore comme amendement, en rendant plus meuble et plus léger le terrain argileux, qui en devient plus facile à façonner. L'humus s'imbibe de beaucoup d'eau et la retient fort longtemps; aussi une terre sableuse fumée avec un engrais consommé se maintient-elle humide plus longtemps qu'une terre de cette espèce non fumée. Il attire les vapeurs d'eau contenues dans l'air; par là encore il est utile à la végétation. A cause de sa couleur noire, il s'échauffe vite, ce qui lui donne la propriété particulière de communiquer de la chaleur aux terrains froids. *(Nicklès.)*

Des amendements.

Les amendements servent à diviser les terres trop compactes, à donner de la consistance aux terres sablonneuses et de la fraîcheur aux sols brûlants.

Les amendements et les engrais ont des effets différents. Les amendements changent en quelque sorte, pour un certain temps, la nature de la couche arable du sol. Une terre peu productive avant qu'on l'ait amendée, devient, après cette opération, pendant un assez grand nombre d'années, susceptible d'une grande fécondité pourvu que l'on continue de la fumer passablement.

Les amendements agissent principalement sur le sol; cependant ils ont aussi une certaine action, comme engrais, sur les plantes.

Les engrais, au contraire, n'agissent pour ainsi dire que sur les plantes, auxquelles ils servent d'aliments.

Ainsi les amendements, en divisant la terre, lui permettent de recueillir les bienfaits des rayons du soleil et de l'atmosphère; ils procurent aux végétaux la faculté d'étendre leurs racines en les mettant dans d'excellentes conditions pour profiter de la nourriture que les engrais leur fournissent. C'est pourquoi il est utile de fumer un sol qui a été amendé; sans cela on épuiserait les terres.

Les principaux amendements sont: la chaux, les terres de route, les cendres de houille, et la marne.

Chaux

La chaux est le plus précieux des amendements ; tout le monde sait qu'on l'obtient en chauffant extrêmement une espèce de pierre connue sous le nom de pierre calcaire.

La chaux est très-avide d'eau et d'acide car-

bonique, et c'est par ce motif qu'elle désorga-
nise les substances végétales ou animales avec
lesquelles elle se trouve en contact; elle les cor-
rode pour s'en assimiler les principes.

Lorsqu'on enfouit beaucoup de débris végétaux dans le sol, soit en défrichant une prairie
usée, soit en ensevelissant dans la terre une
grande quantité de mauvaises herbes ou une
récolte verte cultivée pour engrais, on peut employer avantageusement la chaux : elle con-
vertit en terreau tous les débris dont nous venons de parler, en s'emparant en même temps
des acides qui se forment pendant la décomposition végétale, et en neutralisant leur action
corrosive, qui nuit à la prospérité des plantes
cultivées.

On emploie avec avantage la chaux dans les
argiles compactes, dans les sols glaiseux ou
gras.

Les plantes tinctoriales réussissent très-bien
dans un terrain qui a été chaulé.

On peut mettre cent vingt hectolitres de chaux
par hectare dans les terres fortes; il en faut
beaucoup moins dans les terres légères, et pas
du tout dans les terres calcaires très-divisées.

On ne doit pas employer la chaux en même

temps que le fumier, parce qu'elle le décompo-
serait trop rapidement. Introduisez la chaux
dans la terre lorsque vous donnerez le premier
labour, et mettez-y votre fumier en semant votre blé.

Terres de route.

Les terres de route, surtout celles où domine
le principe calcaire, ont le double avantage
d'être amendement et engrais ; il est facile de
concevoir qu'elles doivent contenir des éléments
fertilisants, étant continuellement imprégnées
des urines et des excréments des nombreux chevaux et autres bestiaux qui les parcourent.

Les terres calcaires de route sont avantageuses dans les sols granitiques ; dans les terrains argileux, qu'elles rendent moins compactes; dans les défrichements, où elles neutralisent
l'effet des acides végétaux ; et dans les champs
siliceux, auxquels elles fournissent la chaux,
qui leur est d'une grande utilité.

Les terres calcaires de route produisent de
bons effets sur les vignes; enfin, leur emploi est
avantageux dans tous les lieux où celui de la
marne est favorable ; plusieurs auteurs les estiment autant que cette dernière.

Cendres de houille ou charbon de terre.

Ces cendres ne contiennent pas les mêmes éléments que celles de bois; il s'y trouve moins de potasse que dans ces dernières; elles sont à la fois un amendement et un engrais : elles sont un amendement, parce que le carbonate de chaux, qui a la propriété de diviser l'argile, se trouve parmi elles en grande quantité; elles sont un engrais, parce qu'elles contiennent un peu de potasse et beaucoup de terre calcinée.

Marnes.

Les marnes se composent d'éléments calcaires et argileux; les marnes les plus estimées sont celles qui font effervescence dans de fort vinaigre ou dans l'acide sulfurique.

Pour que la marne produise de bons effets, il faut la laisser exposée de six mois à trois ans au contact de l'air. Elle augmente la fécondité des vignes, sans diminuer la qualité des vins.

En divisant les terres argileuses trop compactes et agissant en même temps un peu comme engrais, elle les rend beaucoup plus aptes à produire les céréales et les autres végétaux.

1*

Il faut éviter d'employer la marne fraîche, c'est-à-dire nouvellement extraite, parce qu'au lieu de féconder le sol elle le rend moins fécond pendant plusieurs années.

Il est utile de réitérer l'opération du marnage tous les douze ou quatorze ans.

Des engrais.

Les engrais servent de nourriture aux végétaux : par leur emploi on entretient, on augmente la fertilité du sol ; c'est en fumant abondamment que les jardiniers obtiennent dans le cours d'une année plusieurs récoltes sur le même espace. Une petite étendue de terrain bien labourée, bien fumée, rapporte plus qu'un champ six fois plus vaste, de même qualité, dans lequel on n'a point mis d'engrais. Aussi, le propriétaire ou le fermier qui dirigent une exploitation rurale doivent-ils s'attacher, dès leur début, à produire de la manière la plus économique la plus grande quantité possible d'engrais.

On peut diviser les engrais en trois classes, savoir : en engrais organiques, inorganiques, et composts.

Les engrais organiques sont subdivisés en

engrais végétaux, en engrais animaux, et en engrais végéto-animaux.

Composts.

On appelle compost un mélange de différentes matières que l'on emploie pour fumer la terre.

Engrais organiques végétaux.

Engrais verts. — Les végétaux qui offrent le plus d'avantages comme engrais verts sont : le buis, l'ortie commune, le grand-soleil, le chardon-des-vaches et le chardon commun, le maïs encore jeune, le grand jonc de rivière, la fougère, le sarment, le jonc à plumasseau, les tiges de fève, les feuilles de chou, de rave, de navette et de betterave. Quelques agronomes prétendent qu'il est plus avantageux d'enfouir ces feuilles que de s'en servir pour fourrage; elles conviennent surtout dans les terres chaudes. On emploie aussi avec succès au même usage la luzerne, les vesces, le trèfle, le sainfoin, le sarrasin ou blé noir. Il faut enfouir ces végétaux au moment où ils sont en fleur. Les bons effets du trèfle sont incontestables; quelques-uns vantent aussi beaucoup le buis. Toutefois, les engrais verts occupent un rang inférieur; ils conviennent plutôt aux terres légères qu'aux terres fortes. On les emploie dans les lieux escarpés où l'on ne peut pas conduire de chars; dans des terrains chauds où l'élément calcaire domine; dans des sables brûlants, où ils procurent de la fraîcheur aux racines des plantes; dans les vignes de choix qu'on ne doit fumer que très-légèrement.

Les engrais verts ne conviennent pas aux terrains argileux.

Tourteaux de cameline, de noix, de colza, de navette, de chenevis. — Ces substances sont estimées comme engrais parce qu'elles contiennent une assez grande quantité d'azote; elles conviennent mieux aux terres légères qu'aux terres fortes; il en faut mille kilogrammes par hectares; on les réduit en poussière, pour mieux les répandre, en les confiant à la terre.

Marc d'olive. — Cet engrais convient aux terres légères et brûlantes; il sert surtout à fumer les plantations d'oliviers.

Marc de raisin. — Lorsqu'on a extrait de l'eau-de-vie par la distillation du marc de raisin, on emploie ce dernier à fumer les vignes de choix; il leur fournit la potasse, qu'elles recherchent, et il entretient dans le sol léger où il se trouve une utile fraîcheur.

Résidus de féculerie. — Il vaut mieux les employer à nourrir les bestiaux que comme engrais. Cependant ils conviennent aux terres calcaires.

Engrais Jauffret.

Les cultivateurs qui n'ont pas le fumier nécessaire à leurs exploitations pourront facilement et surtout rapidement se procurer des engrais supplémentaires par la méthode Jauffret, que nous allons indiquer.

On se place sur un terrain légèrement incliné et battu, afin qu'il soit moins facilement pénétré par les liquides, et près d'un réservoir d'eau croupie, d'eau de fumier, ou d'une petite citerne construite dans le but qui nous occupe ; on jette dans cette eau du crottin, des débris et des eaux de cuisine, de la suie, du sel, du salpêtre ou de la terre salpêtrée ; on forme ainsi un levain ; c'est-à-dire un liquide chargé d'alcalis et de substances azotées, qui fermente promptement.

Quand ce levain est formé, on entasse sur le terrain battu toutes les mauvaises herbes que l'on a pu se procurer : des restes de meules, de la menue paille, des bruyères, des roseaux, des fougères, des chardons, des genêts, enfin toutes les plantes inutiles ou nuisibles, tous les débris végétaux que l'on tient à sa disposition. Il est à propos, avant de les mettre en tas, de les écraser ou de les hacher.

Lorsque toutes ces substances végétales sont entassées et foulées, on arrose abondamment le tas avec le levain liquide du réservoir, que Jauffret appelle sa lessive; on arrose ainsi plusieurs fois, à deux ou trois jours de distance; la meule ne tarde pas à s'échauffer; elle fume bientôt comme du fumier de cheval au sortir de l'écurie, et répand, dès le cinquième jour, l'odeur caractéristique de la litière.

Si le tas est composé de végétaux tendres, la décomposition est complète après douze ou quinze jours; mais il faut un mois pour décomposer convenablement des végétaux durs, comme des genêts, des bruyères, de petits rameaux d'arbres.

Nous conseillons aux personnes qui voudront préparer l'engrais Jauffret de former à la base de la meule un bourrelet de terre glaise, interrompu par une rigole en communication avec la citerne ou réservoir à lessive. De cette manière, les égouts du levain avec lequel on arrose le tas pourront être recueillis et servir de nouveau. Pour que la fermentation se produise

bien dans la meule, il est nécessaire d'y pratiquer des trous de haut en bas, afin que la lessive pénètre suffisamment les couches.

Cet engrais n'a pas, à beaucoup près, les qualités merveilleuses qu'on y attachait dans l'origine; mais il a les propriétés communes aux
bons composts; il convient surtout dans les terrains chauds de nature calcaire.

Engrais organiques de nature animale.

Sang. — Après avoir recueilli du sang d'abat-
toir, quelques-uns le répandent sans préparation aucune sur les terres; d'autres, avant de
le répandre, le mêlent avec une certaine quantité d'eau. M. Payen conseille de s'en servir à
l'état sec après l'avoir réduit en poudre. Le
sang convient surtout dans les terrains argileux
et froids, et pour la culture des plantes épui-
santes.

Chair des animaux morts. — Au lieu de laisser dévorer par les chiens et les loups les animaux morts, il faut en décomposer la chair avec
de la chaux vive et en former des composts ter-
reux. Voici comment on peut s'y prendre : On
entr'ouvre le ventre de l'animal et on le rem-

plit de chaux vive, puis on couvre toutes les
parties de son corps d'une couche épaisse de la
même substance, ensuite on amoncelle sur ce
corps une assez grande quantité de terre ; on a
soin de passer cet amas plusieurs fois à la pioche
avant de s'en servir. Cet engrais convient à la
plupart des terrains.

Les poissons pourris sont aussi un engrais
très-puissant.

Sabots de chevaux, cornes, os, poils et plumes.
— Toutes ces substances constituent de bons
engrais. Les sabots de chevaux, surtout, ont
des qualités fertilisantes très-énergiques ; mais,
comme il est assez difficile de s'en procurer une
assez grande quantité, on pourra s'en servir,
ainsi que des poils, cornes et grosses plumes de
volaille, pour former des composts.

Quand aux os, on les broie et on les répand
sur le sol, ou bien on les brûle et on ajoute
leurs cendres aux autres engrais de l'exploitation.

Laine. — La laine conserve ses propriétés
fertilisantes, quoiqu'elle ait été employée par
l'industrie ; ainsi, on fera bien de se servir des
vieux chiffons de laine pour fumer certaines
plantes et certains sols. Une fumure en laine

ne coûterait pas plus qu'une fumure ordinaire, et elle durerait plus longtemps.

La laine est riche en azote; elle contient, en outre, une certaine quantité de soude, qui est nécessaire à l'alimentation de la navette, du colza, du chou, de la moutarde et de la pomme de terre.

Pour employer la laine, on la rend très-menue, soit avec un couperet, soit avec une roue à crochets qui la déchire par petits lambeaux; puis, par un temps calme, on la répand et on l'enterre. La laine ne convient point aux terrains où l'argile domine; cet engrais produit de bons résultats dans les sols calcaires.

Urines et eaux-vannes. — Quand on arrose des plantes avec de l'urine, il faut avoir soin de l'étendre d'eau, parce que la décomposition de l'urine fraîche et sans mélange pourrait être funeste aux végétaux ou leur communiquer une saveur désagréable. On peut utiliser l'urine de la famille en disposant en entonnoir, dans sa cour, ou dans son jardin, un ou plusieurs tas de terre sur lesquels on verse tous les matins les vases de nuit; en ayant soin de remuer avec la pioche de temps en temps ces petits amas de terre, on en fait d'excellents composts.

On appelle *eaux-vannes* les eaux que contiennent les latrines; nous conseillons de les utiliser de la même manière que les urines, pour faire des composts.

Matières fécales; moyen pour les désinfecter.

On évalue à quinze francs, en moyenne, la valeur vénale des excréments produits par une personne dans une année; les cultivateurs feraient donc bien de recueillir cet engrais. Voici le moyen d'ôter l'odeur infecte de ces matières:

On creuse une fosse, on la pave, on l'entoure avec des dalles jointes avec du ciment hydraulique, de façon que l'urine ne se perde pas. Pour désinfecter les matières fécales qu'on aura déposées dedans, on achète de la couperose verte ou sulfate de fer; on la fait dissoudre dans de l'eau chaude, en se servant d'une marmite ou d'une chaudière au rebut, puis on laisse refroidir; on jette ensuite dans la dissolution quatre à cinq poignées de chaux, autant de charbon en poudre, et même, si l'on veut, deux ou trois pelletées de suie, et on verse le tout dans la fosse à désinfecter. Deux ou trois kilogrammes de couperose suffisent pour opérer sur cent litres de matières; on en empêche ainsi la décomposition, et elles n'en valent que mieux pour engrais. Quand vient le moment de la vidange, on découvre la fosse, on l'arrose de nouveau avec la préparation que nous venons d'indiquer; on mélange ensuite les matières sur place avec de la terre brûlée, et on ne cesse d'y jeter de cette terre que lorsque ces matières sont aussi divisées et aussi faciles à remuer que des cendres. On les retire alors de la fosse, et elles peuvent être employées immédiatement pour la fumure du sol; leur aspect n'a plus rien de répugnant, elles n'exhalent aucune odeur. Dans cet état, elles sont préférables à la poudrette, qui communique aux végétaux une saveur désagréable.

Colombine et guano.

On désigne sous le nom de *colombine* la fiente des pigeons; on étend même cette dénomination à celle de tous les oiseaux de basse-cour, qui est bien inférieure en qualité à la précédente. La colombine de pigeonnier est très-riche en substance azotée, par conséquent elle est un engrais très-puissant pour la plupart des végétaux.

Le *guano* est la fiente d'oiseaux sauvages.

On en a rencontré des bancs énormes dans les îles de la mer du Sud, et l'industrie s'en est emparée. Grâce aux réclames et aux annonces prodiguées dans les journaux, cet engrais a éveillé l'attention des cultivateurs. Un grand nombre d'essais ont été faits avec avantage d'abord; puis est venue la falsification, qui a compromis la réputation de cet objet.

Larves et eaux des filatures de soie.

Partout où l'industrie séricicole existe, il faut recueillir avec soin les larves et les eaux où les cocons ont séjourné, afin de s'en servir ou directement comme engrais, ou pour enrichir des composts.

Engrais organiques de nature végéto-animale.

Fumier de cheval. — Ce fumier est, ainsi que celui du mouton, désigné par les cultivateurs sous le nom de fumier chaud. Il est, en effet, très-riche en azote, par conséquent très-prompt à fermenter. Il convient à presque tous les végétaux, et doit être appliqué principalement aux terrains froids et humides.

Fumier de mouton. — C'est un engrais très-actif et avantageux aux terrains argileux et froids; mais elle diffère du précédent par sa composition, dans laquelle entre une quantité notable de soufre, en raison des mèches de laine qu'il contient. Quelques agronomes estiment tant le fumier de mouton, qu'ils prétendent qu'il change les mauvaises terres en terres de première qualité. Il y en a cependant qui l'accusent d'altérer les produits des vignes fines, et de communiquer une saveur désagréable aux plantes délicates destinées à la nourriture de l'homme.

Par cela même qu'il contient du soufre en quantité notable, ce fumier convient parfaitement aux plantes de la famille des crucifères (chou, navette, colza, etc.)

Fumier de vache.—Celui-ci est réputé fumier froid ou frais; et, en effet, il est plus aqueux, moins riche en azote, et, par conséquent, plus lent à fermenter que les deux précédents. C'est pour cela qu'il arrive souvent que les graines de toutes sortes qui s'y trouvent germent et se développent dans les champs. On dit alors qu'il fait jeter de l'herbe.

Si le fumier de vache est moins riche en substances azotées que le fumier de cheval, en revanche il est plus riche que ce dernier en sels de potasse; il convient mieux à la culture des

2

plantes de la famille des graminées, qui cher-
chent des sels de cette nature.

On peut sans inconvénient fumer les vignes
fines avec de l'engrais de vache très-décomposé;
car, dans cet état, il est privé de la plus grande
partie de ses substances animales, et c'est la
potasse qui agit principalement.

En raison de sa nature aqueuse, le fumier de
vache produit d'excellents résultats sur les terrains calcaires, surtout dans les années de sécheresse. Il faut éviter de l'employer là où il y
a déjà excès d'humidité.

Fumier de cochon.— C'est encore un fumier
froid ou frais, plus aqueux que celui de vache,
et d'ordinaire inférieur en qualité à ce dernier.

Cet engrais convient aux terrains brûlants et
aux plantes de la famille des graminées. C'est
pour cela qu'il favorise d'une manière remarquable les céréales cultivées en terre calcaire,
et que l'on en vante les effets sur les prairies
naturelles.

De l'emplacement pour la mise en tas des fumiers

Placez les tas sur une légère éminence, afin
de pouvoir recueillir au besoin les égouts qui
en découleront, et puis choisissez l'exposition

du nord : les couches supérieures des fumiers,
moins maltraitées par les ardeurs de l'été, con-
serveront une valeur qu'elles n'ont point dans
les fumiers exposés au midi. Tous les cultivateurs doivent savoir que, dans les années de
grande sécheresse, les engrais perdent beaucoup de leur force ; et c'est pour cela qu'ils
devraient, après avoir suivi les conseils qui pré-
cèdent, abriter leurs engrais contre les chaleurs trop vives et contre les pluies trop abondantes, qui sont encore plus nuisibles, parce
qu'elles délavent les fumiers et en entraînent les
sels vers les couches du dessous. Des hangars
élevés et peu coûteux préviendraient ces pertes
déplorables pour l'agriculture.

Il importe essentiellement à la qualité des fumiers qu'ils soient arrosés de temps en temps
en été avec du purin, ou, à défaut de ce liquide,
avec de l'eau ordinaire, afin que la fermentation se fasse dans des conditions régulières.
On ferait bien aussi de semer du plâtre à la surface des fumiers, soit au sortir de l'écurie, soit
aussitôt la mise en tas achevée.

Souvent il arrive, par les temps de chaleur
excessive, qu'un fumier mal entretenu, mal
tassé, est exposé à la décomposition sèche, au

blanc, à la moisissure; c'est alors un engrais presque sans valeur, auquel on pourrait rendre quelque puissance en l'arrosant avec des eaux grasses, des eaux de fumier et des rinçures de futailles à vin.

Purin de fumier.

Nous nous plaignons constamment d'une disette d'engrais, et cependant nous en laissons perdre des quantités considérables. Pour ne citer ici qu'un exemple, ne voyons-nous pas dans des villages des mares d'eau de fumier, dont on ne tire aucun parti, et qui engendrent journellement des fièvres? Au point de vue de l'économie rurale, comme au point de vue de l'hygiène, nous déplorons cet état de choses.

Le purin de fumier est un engrais fort riche en sels alcalins et en matières animales. Il serait d'un excellent effet sur la plupart des végétaux épuisants, surtout au moment de la pousse de ces végétaux; on pourrait aussi l'employer d'une manière très-profitable dans les potagers, pour la culture des choux, par exemple.

Engrais inorganiques.

Cendres de bois. — Les cendres de bois sont le premier des engrais inorganiques, le plus riche en éléments fertilisants, le plus recherché des bons cultivateurs. On retrouve dans les cendres la plupart des sels solubles ou insolubles enlevés à la terre par les végétaux, tels que sels de potasse, de soude, de chaux, de magnésie, etc. On y trouve aussi de la silice, de l'alumine, des oxydes de fer et de manganèse, etc. Indiquer ces substances, qui toutes sont favorables à la végétation, soit comme amendements, soit comme nourriture, soit enfin comme toniques, c'est constater suffisamment, ce nous semble, l'efficacité des cendres comme engrais.

Elles sont très-favorables aux végétaux qui recherchent la potasse et la silice, tels que les céréales et la vigne. D'après M. Puvis, elles favorisent plus la production du grain que celle de la paille, et lui communiquent des qualités supérieures.

Ce n'est plus à l'état de cendres vives qu'on les emploie, mais à l'état de cendres lessivées ou charrée, et presque toujours dans les terres argileuses, attendu qu'elles les divisent, qu'elles les ameublissent, qu'elles les dégraissent. Les chimistes ne s'expliquent pas cette préférence accordée à la charrée sur les cendres vives, pour la culture des céréales dans les sols argileux ; mais la pratique condamne leurs théories scientifiques.

Dans le département de l'Ain, ou du moins dans certaines communes de ce département, on fume les terres à blé avec moitié charrée et moitié fumier d'étable ; alors on obtient des produits plus abondants qu'avec une fumure composée uniquement de cendres ou seulement de fumier.

Les cendres profitent beaucoup aux céréales, aux prairies naturelles, aux pommes de terre, et nous ajouterons aussi aux végétaux dont les racines pénètrent bas en terre.

Eaux de lessive. — Ces eaux jouissent des mêmes propriétés fertilisantes que les cendres, attendu qu'elles tiennent en dissolution la plus grande partie des sels contenus dans ces dernières.

Cendres de tourbe, cendres de plantes marines. — L'emploi de la tourbe comme engrais nécessite des précautions, des manipulations préalables telles, qu'il vaut mieux la brûler et se servir de ses cendres.

On utilise les cendres provenant des tourbières de la Picardie, pour activer la végétation

des prairies naturelles et artificielles et des blés d'automne. On en répand 40 hectolitres par hectare, au prix de 40 centimes l'hectolitre pris sur les lieux.

— Les cendres des plantes marines contiennent de la soude, et sont employées utilement pour toutes sortes de cultures, soit sans mélange, soit après les avoir fait entrer dans des composts.

Suie. — La suie produite par la combustion du bois est un engrais puissant. Elle agit avec énergie sur les prairies, et passe pour détruire les mousses, les prèles, et pour éloigner les insectes par son odeur empyreumatique. Sinclair conseille de la répandre sur les trèfles et les jeunes froments à la dose de 18 hectolitres par hectare.

Plâtras. — Les plâtras provenant des démolitions contiennent un peu de salpêtre, c'est-à-dire de la potasse et de l'azote; ils contiennent aussi des azotates de chaux et de magnésie, c'est-à-dire encore des sels dans la composition desquels entre l'azote; donc ils ont de la valeur comme engrais. La betterave recherche les plâtras salpêtrés de préférence à tout autre engrais.

Plâtre. — Le plâtre, réduit en poudre, est

Il sera très-favorable aux graminées en général, c'est-à-dire aux céréales et aux prairies naturelles.

A la longue, le laitier se réduit en pâte sous l'influence seule de l'atmosphère; il peut aussi être pulvérisé par des moyens peu coûteux.

Composts.

Les composts sont des engrais économiques composés de toutes sortes de substances organiques et inorganiques habituellement négligées ou perdues. M. Quenard, de Montargis, formait les siens de la manière suivante; il mettait : — 1° une couche d'herbages provenant d'étangs; — 2° une couche de chaux vive, de cendres et de suie; — 3° une couche de paille; — 4° une couche de chaux vive et de suie; — le tout arrosé d'eau de temps en temps, jusqu'à décomposition complète.

Boues de ville.

Les boues de ville, si recherchées par les jardiniers intelligents, ne sont autre chose que des composts, d'autant plus riches que les populations sont plus malpropres. Après les avoir recueillies, on les met en tas et on les laisse fermenter en repos pendant quelques mois.

(*P. Joigneaux.*)

CHAPITRE II.

Principales productions végétales de chaque département de la France.— Principales cultures ; leur rendement.

Ain. Ce département est fertile en céréales d'hiver, maïs et sarrasin; on y récolte du vin, on y cultive le chanvre. Les habitants élèvent des vers à soie, des chapons et des poulardes. La cire et l'huile de noix font une grande partie du commerce de ce département qui est couvert de grandes forêts.

Aisne. Il produit des céréales, des artichauts, des graines oléagineuses, du chanvre, des fourrages naturels et artificiels qui nourrissent de nombreux bestiaux; on y estime les haricots de Soissons et le lin de St-Quentin. Parmi les grands bois de ce département on remarque les forêts de Villers-Cotterets et de l'Aronsaie.

Allier. Il fournit du vin, des céréales, des fourrages, des légumes, de bons fruits, des bois de chêne et de bouleau.

Alpes (Basses). Il produit de l'orge, de l'avoine, du seigle, des châtaignes, des pommes de terre, des oranges, des olives, des amandes, du vin, de l'eau-de-vie, du miel, de la cire, de l'huile de noix, des truffes, de la térébenthine, de la manne, de l'agaric; de la laine, de la soie, des cuirs, du beurre, des fromages, des fruits secs; on y trouve d'abondants pâturages et de nombreuses plantes aromatiques. On s'y livre à l'exportation des moutons.

Alpes (*Hautes*). Le sol de ce département est très-montagneux et couvert en partie par de belles forêts; on y récolte du seigle, de l'avoine, peu de froment, des châtaignes, des fruits, des pommes de terre, du chanvre, des vins; beaucoup de fromages.

Ardèche. L'aspect du pays présente des champs couverts de riches produits, des prairies en bon état, des vignes industrieusement échelonnées et donnant de bon vin, de vastes plantations de mûriers, au moyen desquels on élève beaucoup de vers à soie; de nombreux vergers remplis d'arbres de toute espèce; la récolte des céréales est insuffisante pour la consommation, mais on y supplée par les pommes de terre et par les châtaignes. Les figues et les olives y sont abondantes. Les prairies permettent d'entretenir d'excellents bestiaux.

Ardennes. Ce département produit des grains,

des fruits, du chanvre, des vins communs; la production des céréales dépasse les besoins de la consommation locale. On y élève de bons chevaux, des chèvres de cachemire et des moutons renommés.

Ariége. Il produit des céréales, des fruits, des pâturages, du chanvre, du vin, du bétail, des moutons, du bois.

Aube. On y cultive le froment, le seigle, l'orge, l'avoine, le sarrasin, la navette, le chanvre, les fourrages et la vigne. On y élève du gros bétail, des moutons, des volailles. Les forêts y sont assez étendues.

Aude. Ce département produit des céréales, du maïs, des vins estimés, entre autres celui de Limoux, d'excellent miel de Narbonne, des figues, des olives; le pays nourrit des mulets, des chevaux. Les vers à soie y sont l'objet d'un grand commerce.

Aveyron. La récolte en céréales et en vins suffit à la consommation; on y trouve de bons pâturages, des chevaux, des moutons, de la laine, des fromages, des truffes. On y élève beaucoup de vers à soie.

Bouches-du-Rhône. Ce département dont un cinquième à peine du sol est livré à la charrue, récolte des céréales insuffisantes pour les besoins locaux; les vins sont une production importante; on cultive le riz, le tabac, la garance; les fruits y sont bons et abondants. On élève des abeilles, des moutons mérinos, des chèvres. On y trouve de gras pâturages et de belles forêts.

Calvados. C'est un pays de céréales et d'herbages; ces derniers permettent d'élever des moutons, des bêtes à cornes, de beaux chevaux. La culture des pommes de terre y est très-répandue; le pays abonde en excellents légumes, on y récolte de la navette, du colza, du chanvre, du lin, du pastel, des pommes qui produisent d'excellent cidre. Le beurre et la volaille sont pour ce département une source de richesse.

Cantal. Il est peu fertile en grains, mais il produit d'excellents pâturages qui nourrissent de bons chevaux et beaucoup de bêtes à cornes. Il produit des pommes de terre, du lin, du chanvre. On y récolte dix mille hectolitres de vin.

Charente. Sa principale richesse consiste en vin, qui est, en majeure partie converti en eaux-de vie; on connaît la réputation de celle de Cognac. Il produit en outre des céréales, des truffes, des pommes de terre, des châtaignes, des huiles de noix et de colza, du safran, du chanvre et du lin. Les pâturages y occupent plus de la neuvième partie du sol.

Charente-Inférieure. L'agriculture de ce département est florissante; il produit des céréales, des pommes de terre, du vin, de bons légumes, des fèves dites de Marennes, de la moutarde, du safran, du lin, du chanvre, des bois de merrain et de construction.

Cher. L'agriculture y est peu avancée; il produit cependant quelques céréales, des pommes de terre, des châtaignes, du vin, du lin, du chanvre. On y élève des chevaux, des bêtes à cornes, des moutons estimés dont quelques mérinos. Le département contribue, pour une part notable à l'approvisionnement de Paris, en porcs et autres animaux de boucherie.

Corrèze. Il est peu riche en produits agricoles; toutefois, on s'y livre à l'élève des bestiaux sur une assez grande échelle. On y trouve de beaux chevaux, et des mulets. Le seigle, le sarrasin et l'avoine sont les principales récoltes; le maïs est aussi cultivé, mais en petite quantité; on y récolte également des châtaignes, des truffes et du vin commun.

Corse. Les légumes sont une des richesses de

l'île, les haricots et les lentilles fournissent à une exportation importante pour l'Italie; les fruits sechés et préparés sont aussi l'objet d'un commerce assez considérable. Les vins de Corse sont recherchés à cause de leurs qualités naturelles, car la culture de la vigne, aussi bien que la vinification y sont forts imparfaites. Il produit également des céréales, du maïs, du millet, des pommes de terre, des olives, du tabac, du lin, du chanvre. On a fait d'heureux essais pour y naturaliser l'indigo, le coton, le café, la canne à sucre. Les montagnes de la Corse nourrissent une immense quantité de chèvres. Le sol est en partie couvert de grandes forêts. On y trouve beaucoup de citronniers, d'orangers et de châtaigniers.

Côtes-d'Or. C'est à la fois un département agricole et vignoble. Il produit des vins excellents dont les plus renommés sont ceux de Chambertin, la Romanée, Clos-Vougeot, St-Georges, Beaune, Nuits, Pomard, Meursault. La culture des céréales est généralement bien entendue ; on y récolte aussi du maïs, des pommes de terre, du chanvre, du lin, de la navette et du colza, les légumes verts et secs sont cultivés en grand ; les habitants des montagnes s'adonnent à l'engraissement des bestiaux. On y trouve des chevaux de petite race, des bêtes à cornes, et de superbes forêts.

Côtes-du-Nord. Il est peu fertile. Cependant il produit du blé, du chanvre, du lin, des pommes à cidre, de très-bon beurre, des céréales et des pommes de terre. Les pâturages nourrissent de petits chevaux, des moutons et de très-bons animaux de la race bovine.

Creuse. On y récolte de l'avoine, du seigle, du sarrasin, un peu de froment et des pommes de terre. On y élève des moutons, des abeilles, des chèvres, et on engraisse des animaux de la race bovine et des porcs. On y trouve de grandes forêts.

Dordogne. Ce département produit des céréales, des pommes de terre, des châtaignes, des noix, du vin, de l'eau-de-vie, des truffes, des champignons; on y élève des bœufs, des mulets, des ânes, et une race de porcs renommée.

Doubs. Le lin, le chanvre, le maïs, la pomme de terre, les arbres fruitiers, les légumes et la vigne y sont cultivés, ainsi que diverses plantes oléagineuses pour les usages locaux et pour le commerce. L'engraissement des animaux de la race bovine dite Comtoise, et surtout des porcs,

l'élève des chèvres, des moutons et des chevaux,
sont des branches importantes de l'industrie
agricole de ce département. Près du septième de
sa surface est en prairies naturelles. La fabrication des fromages y est aussi un objet important. On y trouve de belles forêts et de beaux
bois de construction.

Drôme. Le sol de ce département est monta-
gneux, on y trouve cependant quelques belles
prairies. On y récolte des céréales, des pommes
de terre, de la garance, des châtaignes, des
légumes secs, des vins, parmi lesquels on remarque ceux de Die, et ceux de l'Hermitage. On
y élève des vers à soie, des chevaux, des bêtes
à cornes, des moutons et des chèvres. Ce département renferme de belles forêts.

Eure. L'agriculture de ce département est
arrivée à un haut point de perfection; les vergers et les enclos occupent une étendue considérable. Le pommier et le poirier, dont les fruits
servent à la fabrication du cidre et du poiré,
boissons généralement en usage dans le pays, y
sont soigneusement cultivés; on y récolte aussi
des céréales, des légumes secs, des pommes de
terre; on y élève des porcs. Les prairies fournissent de bons fourrages qui servent à nour-

rir des vaches, des mulets, des ânes et une belle race de chevaux connus sous le nom de chevaux Normands.

Eure-et-Loir. Ce département, qui faisait anciennement partie de la Beauce, est renommé pour sa fertilité; on y trouve de bons pâturages qui nourrissent du gros bétail. On y élève des mérinos; on y récolte beaucoup de céréales, de la gaude, du lin, du chanvre, toutes sortes de légumes, du vin, du cidre. La culture des pommes de terre y est moins répandue que celle des navets. On s'y livre en grand à l'éducation des abeilles.

Finistère. Il est peu fertile; on y récolte cependant des céréales, des pommes de terre, du lin, du tabac. La boisson générale est le cidre, dont on récolte environ 78,000 hectolitres. Les prairies sont bonnes; on y fabrique d'excellent beurre, on y recueille du miel estimé. On y élève de bons chevaux et des moutons. On y trouve quelques forêts.

Gard. Ce département est peu agricole, il ne fournit guère plus du tiers des céréales nécessaire à sa consommation. La châtaigne supplée au blé. On y récolte du maïs, des pommes de terre, de l'avoine, de la garance, des graines

oléagineuses, des plantes médicinales, des eaux-
de-vie et des vins qui jouissent d'une réputation
méritée. Deux branches importantes du commerce de ce département sont aussi les olives et
la soie. On y élève quelques moutons de petite
espèce.

Garonne (*Haute*). Il produit des céréales, du
maïs, des légumes secs, des pommes de terre,
des fruits, du lin, des châtaignes, des truffes et
du vin. On y élève des chevaux, des mulets et
des ânes. On y engraisse des bœufs, des porcs
et des volailles estimées.

Gers. C'est un département essentiellement
agricole ; on y suit les bonnes méthodes de culture, le sol produit des céréales, du maïs, du
vin, de l'eau-de-vie, des légumes secs, des pommes de terre. L'ail et l'oignon y sont cultivés en
grand ; les pâturages y sont abondants, aussi
élève-t-on des bœufs, des chevaux, des mulets,
des ânes, des porcs et des volailles.

Gironde. C'est un département vignoble. Le
blé qu'on y récolte est loin de suffire à la consommation locale. Les fourrages sont également
insuffisants. Le sol produit cependant des céréales, du maïs, du millet, des légumes secs, des
pommes de terre. Ses vins délicieux, sont la

principale richesse du pays; les plus renommés sont: le Château-Margaux, le Lafitte, le Grave, le St-Emilion et le Sauterne. On y élève beaucoup de bêtes à laine. Les forêts de ce département renferment des pins, des chênes liéges, et on trouve quelques orangers.

Hérault. Sol fort varié, sec et aride, cependant bon et fertile sous certains rapports; il produit de l'huile d'olive, peu de froment, mais des vins muscats, rouges et blancs, des figues et des raisins qu'on fait sécher; des melons, des olives que l'on confit, des fruits, des mûriers blancs, des plantes médicinales et tinctoriales, de la soie, des pâturages, des bestiaux. On y élève beaucoup de moutons fort estimés. On y trouve des grenadiers, des citronniers et de grandes forêts de chêne.

Ille-et-Vilaine. Sol peu fertile, couvert en partie de forêts et de landes. On y récolte néanmoins du blé, du sarrasin, du seigle, de l'orge, du lin, du chanvre. On y fait un grand commerce de gros bétail, de moutons, de beurre excellent, de fromages, de poulardes et de toiles.

Indre. L'agriculture a fait peu de progrès dans ce département, une grande partie de son territoire est inculte. Cependant on y récolte des céréales, du vin, des pommes de terre, des châ-

taignes. Les laines de ce département sont re-
nommées ; on y élève des moutons, des porcs,
des chèvres, des oies et des dindons.

Indre-et-Loire. Il produit des céréales, des
légumes secs, des fruits délicieux, des menus
grains; la récolte du vin et du chanvre est très-
importante. On s'occupe aussi des abeilles et des
vers à soie. Il y a de fertiles prairies et de belles
forêts.

Isère. Ce département produit des céréales,
du maïs, du millet, des pommes de terre, des
légumes, de la soie, du vin, du chanvre et des
fourrages. On y nourrit de nombreux troupeaux.
Les fromages de Sassenage et d'Oysans sont justement estimés. On y trouve d'immenses forêts.

Jura. Il produit du vin, du blé, du chanvre,
des noix, du maïs, du beurre et des fromages estimés, des plantes tinctoriales et médicinales.
On y trouve de vastes forêts.

Landes. Ce département produit du seigle,
du maïs, du froment, des pommes de terre, des
légumes secs, des menus grains, des vins, de la
résine, du safran, du lin et du chanvre. Le miel
qu'il fournit est très-estimé. On y trouve de bons
pâturages, des chevaux, et des porcs dits de bois,
à chair fine.

Loir-et-Cher. Ce département est à la fois agricole et vignoble. L'agriculture y est en progrès; le sol produit des céréales, des pommes de terre, du vin, du chanvre. On y élève du gros bétail, des moutons et des volailles.

Loire. Il produit, mais en petite quantié, des céréales, des pommes de terre, du chanvre, du colza, de la gaude, de la garance, des noix, des châtaignes. On y cultive le mûrier. On y trouve des bêtes à cornes, des mulets, des moutons, de grandes forêts et 13000 hectares de vignes.

Loire. (*Haute*.) Ce département donne des légumes et des marrons. On y récolte également des céréales, des pommes de terre, du vin, des fruits, du miel renommé. On y élève des animaux de la race bovine et des moutons.

Loire-Inférieure. Ce département produit des céréales, des fruits, du lin, du chanvre, des chevaux, des bêtes à cornes, des abeilles et des chèvres.

Loiret. Il est fertile en céréales, en légumes, en pommes de terre, en vin; on y fait aussi du cidre. Le pays produit des fruits d'excellente qualité, du chanvre, du lin, du colza, du safran. On y élève aussi du bétail.

Lot. Ce département est à la fois agricole et

vignoble; on y récolte des céréales, du maïs, du millet, du vin, des châtaignes, des noix; la culture du tabac est autorisée dans ce département. Les truffes de ce pays sont connues dans le commerce sous le nom de truffes du Périgord.

Lot-et-Garonne. Il produit du chanvre; ses prunes confites, connues sous le nom de prunes d'Agen, sont un objet d'exportation très-important; on y récolte des figues sèches, dites de Clairac, des châtaignes, des céréales, du vin et des pommes de terre. On y nourrit du gros bétail, des mulets, des abeilles. Les forêts produisent des chênes-lièges.

Lozère. Ce département, peu fertile en général, produit quelques céréales; on y récolte du chanvre, du lin, de la soie, beaucoup de châtaignes dont on fait sécher une partie pour l'usage de la marine; le vin y est mauvais et en petite quantité. Les montagnes renferment d'excellents pâturages, où se nourrissent de nombreux troupeaux, dont la laine est mise en œuvre par une partie de la population.

Maine-et-Loire. Le sol de ce département est fertile; il produit des grains, des fruits, des vins, du chanvre, du lin, de la cire, du miel; les eaux-de-vie, l'huile de noix et les bestiaux y sont l'objet d'un commerce considérable ; on y prépare des pruneaux secs justement estimés. On y élève des chevaux et des moutons. Le département renferme d'excellents pâturages et de belles forêts.

Manche. Ce département est fécond, il rapporte des céréales, du lin, du chanvre, des pâturages, du beurre, des chevaux, des bœufs, des porcs, des moutons, des volailles, et du cidre, qui est la boisson ordinaire des habitants du pays ; le miel et la cire y sont aussi des objets importants.

Marne. L'agriculture y est dans une situation satisfaisante ; il produit des céréales, des plantes potagères, des moutons, des fruits et des vins renommés connus sous le nom de vins de champagne. On y trouve des forêts.

Marne (Haute.) Le sol de ce département est léger, pierreux, mais bien exploité ; on y cultive toutes les céréales, toutes sortes de légumes, les plantes oléagineuses et textiles ; le vin y est peu abondant, mais d'excellente qualité. L'éducation des abeilles y est très-répandue ; on y élève du gros et du menu bétail, et des dindons.

Mayenne. La récolte des céréales y dépasse la consommation. Le cidre et le poiré, productions du pays, y remplacent le vin; outre les céréales et les fruits, on y obtient aussi du lin et du chanvre. Les races de bestiaux s'y améliorent sensiblement. On s'y livre beaucoup à l'éducation des abeilles.

Meurthe. Les céréales forment la principale culture du département. Il exporte chaque année le sixième de ses produits en froment. On y récolte des pommes de terre, des betteraves, des légumes, de la navette, du lin, du chanvre; le fourrage y est abondant et excellent. Les vignes y sont multipliées, quoique généralement elles ne fournissent qu'un vin froid. On doit cependant citer comme fins et délicats ceux de Thiaucourt, Pagny, Bayon, Boudonville, Gerbeviller, Valois, Arnaville, Vic et Bruley. Les fruits à noyaux, prunes et abricots de Nancy, fournissent une confiture en grande réputation. On y élève des chevaux, des bœufs et des moutons. Les forêts y sont assez étendues.

Meuse. On y cultive toutes les céréales, et, comme plantes de commerce, le chanvre, le lin et les graines oléagineuses; on y élève des porcs, des chèvres et beaucoup de gros bétail; on y récolte d'excellents fourrages. Les vins de la vallée de l'Ornain sont justement estimés. On fabrique, dans le département, avec le marc de raisin, des eaux-de-vie qui se consomment dans le pays. On y trouve de belles forêts.

Morbihan. Le territoire produit des céréales en grande abondance. Les pâturages y sont excellents; on y élève de nombreux bestiaux, qui font, avec le beurre, la cire, le miel, le lin et le chanvre, les principaux articles du commerce. On récolte peu de vin, mais beaucoup de cidre.

Moselle. Ce département produit des grains, des vins, des fruits, des légumes, des pommes de terre, des fourrages, du chanvre, du colza, des pavots, des choux-navets. On y trouve de vastes forêts. L'art de préparer les fruits, de les sécher et de les confire, y est une des industries les plus importantes.

Nièvre. Toutes les parties fertiles de ce département sont assez bien cultivées, et produisent des céréales, des légumes, des fruits et des vins estimés, parmi lesquels on distingue les vins blancs de Pouilly. On y recueille de très-bon chanvre. Les pâturages y sont abondants; on y élève beaucoup de bestiaux. De grandes forêts sont la ressource d'une partie de ce département.

Nord. Ce département est un des mieux cultivés de la France; il produit des céréales, des menus grains, des légumes secs, de la bière, du colza, du lin, du tabac, des pommes de terre, des betteraves et des plantes tinctoriales.

Oise. La culture des céréales y est très-productive; celle des légumes y a fait aussi de grands progrès; on y récolte du lin, du chanvre, de la navette, un peu de vin et beaucoup de cidre, on y fabrique de la bière. Les bêtes à cornes y sont élevées avec soin; aussi produisent-elles du beurre et des fromages estimés, on s'occupe aussi beaucoup du menu bétail et des volailles.

Orne. On y récolte, quoique en petite quantité, du froment, de l'orge, du méteil, du seigle, du sarrasin, de l'avoine, des légumes secs, des menus grains, des pommes de terre, du cidre, du poiré, des eaux-de-vie. Le lin et le chanvre y sont cultivés en-grand. On y trouve de bons pâturages dans lesquels on élève beaucoup de chevaux. Le beurre et les fromages de ce département sont renommés.

Pas-de-Calais. Ses productions sont des céréales, de la bière, des légumes, des betteraves, des plantes oléagineuses et textiles, des volailles et des porcs gras.

Puy-de-Dôme. Le sol produit du blé, du vin,

du chanvre, du miel, des châtaignes. Il y a un nombre prodigieux d'arbres fruitiers. Les fèves, les pois, les raves et les pommes de terre y viennent en abondance. D'excellents pâturages nourrissent des chevaux et beaucoup de bœufs. La culture du mûrier et l'éducation des vers à soie commencent à s'y répandre. Le pays renferme beaucoup de bois.

Pyrénées (Basses). On y récolte du lin, des fruits excellents, peu de blé, mais beaucoup de maïs nourriture des habitants des montagnes. -Le seigle et l'avoine sont cultivés dans les vallées. On y trouve des forêts et des vignes. Les pâturages y sont excellents.

Pyrénées (Hautes). Ce département produit du seigle, du maïs, du millet, de la soie et de bons vins. On y élève beaucoup de volailles estimées. Les pâturages sont très-riches, et les forêts donnent des bois de construction et de mâture.

Pyrénées (Orientales). On y récolte d'excellents vins, des oranges, des citrons, des fruits exquis, des olives, des mûres, des melons, des céréales, de l'huile, de la soie, du miel et de la cire. On y élève des moutons mérinos et des mulets.

Bas-Rhin. Ce département produit des céréales, des pommes de terre, des légumes verts et secs, du chanvre, du lin, des fruits à pépins et à noyaux, des fourrages, des pavots, du colza, de la navette, des noix, de la moutarde, de l'anis, de la coriandre, des choux, du safran, du tabac, de la garance. Le vin qu'on y récolte est de faible qualité. On y élève du gros et du menu bétail; les habitants se livrent à l'éducation des vers à soie.

Rhin (Haut). Le sol est riche et les productions en sont variées. Il fournit des céréales et surtout du froment. Il produit en outre de l'orge, du seigle, du maïs, des féveroles, de l'avoine, du sarrasin, des pommes de terre, du vin; celui que l'on appelle vin de paille, est en grande réputation. Les plantes oléagineuses, textiles, tinctoriales, telles que le colza, le chanvre, la garance, y sont aussi cultivées. On y élève beaucoup de bêtes à cornes, des porcs, des chèvres, des chevaux et des abeilles.

Rhône. Les vignobles forment la principale richesse agricole de ce département : parmi ses vins blancs on cite ceux de Condrieu; et parmi ses vins rouges ceux de la Côte-Rotie, de Romanèche. On s'adonne beaucoup à la culture du

mûrier. Le sol produit du sorgho, du safran, des
graines oléagineuses et des pommes de terre.
Les fromages du Mont-d'Or sont très-estimés.

Saône (Haute). Ce département produit des
grains, du vin, des légumes, de la navette, du
colza, des bois de charpente; il y a de nombreuses plantations de cerisiers; on s'y occupe
du chanvre avec succès; la culture du lin y est
moins répandue. On y élève des bêtes à cornes,
des chevaux et des porcs.

Saône-et-Loire. Ce département produit du
maïs et toutes sortes de céréales; on y élève des
porcs et du gros bétail. On y trouve des vins renommés, connus sous le nom de Thorin, Pouilly,
Fuissé, Mercurey et Givry; les fruits du pays
sont très-estimés. On y trouve d'excellents pâturages et des forêts.

Sarthe. Les principaux produits sont les céréales, les pommes de terre, le cidre, le poiré,
d'assez bon vin, des fruits. On élève des chevaux,
des mulets, des bêtes à cornes, des moutons, de
la volaille estimée. La graine de trèfle, le chanvre,
les toiles communes et d'emballage, sont des
objets d'exportation. On trouve de bons pâturages.

Seine. L'abondance des engrais fournis par

la capitale a donné lieu à plusieurs cultures spé-
ciales, qui ont acquis un grand développement,
telles que celle des pêches, à Montreuil; des
pêches et du raisin à Charonne; des arbres à
fruits, à Vitry. On y récolte aussi des céréales
et toutes espèces de légumes. On y nourrit du
gros bétail et entre autres des vaches laitières.

Seine-et-Marne. Le sol produit des grains,
des vins et des fruits; les roses de Provins y sont
l'objet d'un grand commerce. On y élève des
moutons et des chevaux.

Seine-et-Oise. La culture maraîchère et celle
des arbres fruitiers y ont une grande extension;
le sol produit des céréales, des pommes de terre,
des vins, du cidre et de la bière. On y élève des
chevaux et des moutons.

Seine-Inférieure. Ce département produit
des céréales, du lin, du chanvre, du colza, de
la navette, des pommes de terre; le principal
commerce consiste en cidre, poiré, beurre et
fromages. On y récolte une grande quantité de
légumes secs, tels que pois, fèves, vesces, lentilles. On y cultive aussi le houblon, qui est un
objet d'exportation. On y élève des volailles,
des moutons et des chevaux qui sont estimés.

Sèvres (Deux-). Le produit du sol consiste

en céréales, en vins, en pommes de terre, en légumes, dont il se fait à Niort un commerce assez considérable. On y récolte du lin, du chanvre et des fruits. Le nord du département est boisé. Les volailles, les porcs, les moutons, les mulets et les chevaux y sont élevés en grand nombre.

Somme. Le sol est fertile et produit en abondance des céréales, du lin, du chanvre, des plantes oléagineuses, des pâturages naturels et des prairies artificielles. On s'y livre à l'élève des chevaux et des abeilles.

Tarn. Les récoltes de ce département consistent en céréales, sarrasin, anis, safran, colza, châtaignes, vin, fruits de toutes espèces, chanvre, lin, pastel; la culture du mûrier y est très-répandue. On y trouve des pâturages, du gros bétail, beaucoup de bêtes à laine et de vastes forêts.

Tarn-et-Garonne. L'agriculture, dont les procédés sont assez bien entendus, produit au delà de la consommation locale un excédent considérable de céréales et de vins; on y récolte du lin, du chanvre, des graines oléagineuses, des noix, des truffes, des châtaignes; on y élève des chevaux, des mulets, des bêtes à cornes, des porcs, de la volaille. Les vins les plus estimés de ce département sont ceux d'Aussac, d'Auvillars et de Lavilledieu. Les pâturages y sont excellents; on y récolte des légumes et des fruits de très-bonne qualité.

Var. La récolte des céréales ne suffit pas aux besoins de la consommation; mais les produits des vignobles, des olivettes, des arbres fruitiers de toute espèce sont considérables. On fait à l'étranger des expéditions nombreuses de câpres confites au vinaigre, d'oranges, de cédras au sucre, de marrons, d'oranges fraîchés, de citrons. On s'y occupe de l'éducation des vers à soie et des abeilles, les parfums, les essences et les liqueurs de Grasse sont très-recherchés. Les forêts de liége donnent des produits importants; on y élève beaucoup de mulets, de chèvres, de moutons et de porcs.

Vaucluse. L'agriculture y est en progrès; l'élève des vers à soie et des abeilles sont des branches importantes de l'industrie agricole. Les vignes produisent des vins spiritueux et fort colorés. Outre les céréales, ce département produit du safran, de la garance. On y récolte une grande quantité d'amandes, qui sont, ainsi que les noyaux de pêche et d'abricot, et l'essence de lavande des objets d'exportation.

Vendée. Le sol rapporte en abondance des grains et des légumes; on y engraisse des bestiaux, principalement avec des choux et des navets, qu'on cultive en grand à cet effet. Le lin et le chanvre y sont de bonne qualité.

Vienne. On y récolte des pommes de terre, des céréales, des châtaignes, des noix, du vin et des truffes; la culture des plantes textiles y est assez répandue. Il y a de bons pâturages; on s'y livre avec succès à l'élève des moutons, des chevaux et surtout des mulets.

Vienne (Haute-). L'agriculture est arriérée dans ce département. On y récolte cependant, quoique en petite quantité, des céréales, des pommes de terre, des châtaignes; le seigle y forme la partie principale des récoltes. Le chanvre y est cultivé. Les fourrages y sont excellents. La race chevaline indigène est fort estimée. Le sol est peu favorable à la culture des vignes : elles n'y produisent que du vin médiocre. Les abeilles fournissent une grande quantité de miel.

Vosges. Ce département produit des céréales, des plantes médicinales, des pommes de terre, des fruits, surtout des fruits à noyaux. Le mérisier est cultivé en grand; on y fait un commerce considérable de kirchenwaser. Il y a de bons pâturages dans les montagnes, où l'on nourrit un grand nombre de bestiaux, dont le lait est employé à faire du beurre et des fromages. Le lin des Vosges est recherché. Le houblon y est cultivé et l'on en fait chaque année des envois considérables, à Paris. Ce département renferme d'immenses forêts et 54000 hectares de vigne.

Yonne. Ce département produit des céréales, des pommes de terre, du vin, du cidre. Les vignobles de l'Auxerrois et du Tonnerois sont les plus célèbres du département. On cite pour les vins rouges les crus d'Auxère, d'Avalion, de Coulanges, de Tonnerre, d'Irancy, de Joigny et de S.-Julien-du-Sault. Parmi les vins blancs ceux de Châblis sont les plus renommés. On y élève du gros bétail. Il s'y trouve de vastes forêts qui donnent lieu à un commerce considérable de bois à brûler et de charbon.

PRINCIPALES CULTURES; LEUR RENDEMENT

Céréales ou récoltes à grains.

On comprend sous la dénomination générale de céréales, les plantes de la famille des graminées dont les semences, farineuses, peuvent servir à la nourriture de l'homme; elles se distinguent des autres graminées par des graines plus grosses.

Ces plantes se divisent en céréales d'hiver (ou d'automne) et en céréales d'été (ou de printemps). Parmi les premières, on range l'épeautre, le froment, le seigle, l'orge d'hiver; parmi les secondes, qu'on appelle aussi marsages, on place l'avoine, l'orge de printemps, l'épeautre de printemps, le froment de printemps, le seigle de printemps, le maïs, le sarrasin et le millet. Les céréales d'automne donnent généralement un produit plus élevé que les céréales de printemps, parce qu'en automne, ces plantes, par l'influence de l'humidité, peuvent mieux taller et développer leurs racines; tandis que, lorsqu'elles ne sont confiées à la terre qu'au printemps, par l'accroissement rapide de la chaleur elles forment leur tige, et s'élèvent avant d'avoir suffisamment tallé.

La culture des céréales a une très-grande importance pour nos contrées; notre climat leur est bien moins souvent préjudiciable qu'aux autres plantes agricoles. Elles forment la base de la nourriture de l'homme, ce qui fait que l'on en

5

trouve toujours un débit assuré sur tous les
marchés ; et la paille qu'elles produisent en
abondance sert de pâture et de litière aux animaux domestiques.

Blé commun ou froment.

Parmi le grand nombre de variétés de froment, qui se distinguent par la couleur des
graines et de la paille, la forme des épis, des
graines, etc., etc., le blé ou froment commun
occupe le premier rang. On en distingue deux
espèces principales : le blé barbu, et le blé sans
barbes. Le froment barbu produit une paille
plus forte, il est moins exposé au charbon, à
la rouille et aux ravages des oiseaux ; le froment sans barbes produit moins de balle et une
farine plus blanche. Parmi les variétés estimées
que l'on cultive beaucoup, on compte : le blé
de Talavera, le blé gros-turc à quatre rangs,
et le blé de mars barbu.

Choix du climat et du sol. — Dans nos contrées, le froment réussit partout, excepté sur les
montagnes élevées et dans les marais. Il affec-
tionne les terres fortes ou franches, surtout
lorsqu'elles contiennent de la chaux. Les terres
légères ne lui conviennent que lorsqu'elles sont

riches et assez humides. Il est plus avantageux de cultiver l'épeautre que le froment dans des sols secs et peu compactes.

Sa place dans la rotation. — Comme le froment aime les terrains propres et riches, il réussit bien après la jachère pure, de même qu'après le colza, les fèves et le trèfle. Il ne prospère bien en succédant aux pommes de terre que lorsque celles-ci sont récoltées tôt et laissent encore beaucoup d'engrais dans le sol. Le froment ne réussit guère après lui-même, et il ne doit pas revenir sur le même champ avant trois ans.

Préparation du sol. — Le froment demande une terre passablement pulvérisée : ainsi, suivant la nature du terrain et l'état où il se trouve, on donne un ou plusieurs labours (Voir le chapitre VI). Une bonne terre à trèfle n'a besoin d'être labourée qu'une seule fois; une tréflière bien enracinée ou une terre engazonnée exige plusieurs labours.

Fumure. — Il faut au froment un sol riche; il aime surtout une terre engraissée à la longue; après le chanvre, le colza, les fèves, le trèfle bien fumé, il prospère parfaitement sans nouvelle fumure. Lorsque la terre ne possède plus assez de fertilité, on fume de nouveau avant ou après les semailles. Il y a des contrées cependant où une fumure récente engendre la carie. En fumant avec trop d'abondance, on risque de faire verser le blé.

Ensemencement. — L'époque de l'ensemencement varie, suivant l'exposition et le climat, entre le mois de septembre et le mois de décembre. Plus une contrée est froide, plus il faut semer tôt. Il faut plus de semence après le trèfle qu'après la jachère. Dans les terrains compactes, on recouvre les semences à la herse; dans les terres légères, on sème en raies. On emploie ordinairement sur des terres fortes deux hectolitres cinquante litres par hectare, si on sème à la main et à plat.

Chaulage. — Avant de confier la semence à la terre, on lui fait subir l'opération du chaulage, qui a pour but de préserver la future récolte de la carie et de détruire les œufs d'insectes qui auraient pu être déposés dans la graine.

Pour cela, on jette un hectolitre de blé dans un baquet, puis on fait dissoudre dans un litre d'eau chaude 625 grammes de sulfate de soude que l'on mêle aux trois quarts d'un seau d'eau froide; un ouvrier, tenant une pelle, brasse le blé dans le baquet à mesure qu'un autre manœuvre y verse doucement l'eau où se trouve la drogue. Lorsque tous les grains sont bien imprégnés de ce liquide, on place sur le blé 2 kilogrammes de chaux vive; on jette de temps en temps un peu d'eau dessus, jusqu'à ce qu'elle se fonde et forme une bouillie. Alors on brasse de nouveau le blé afin d'imprégner tous les grains de chaux, puis on le sort du baquet; on en fait un tas de la forme d'un pain de sucre. Le lendemain, on brasse de nouveau ce blé, et on peut le semer.

Pendant quinze ans que nous avons suivi cette méthode, nous n'avons pas observé dans nos froments ni dans nos avoines un seul épi atteint de la carie.

Soins à donner après la semaille.—S'il arrive au printemps que, par de fortes averses, la surface du sol se tasse et se prenne en croûte, un bon hersage est fort utile; il en est de même lorsque le champ est rempli de mauvaises herbes. On donne un plombage au rouleau lorsque les jeunes plantes ont été soulevées par le froid. Une semaille de mauvaise apparence doit être soutenue pendant l'hiver avec du purin, de la chaux, de la colombine. Une croissance de froment trop luxuriante doit être effiolée au mois de mai.

Récolte. — Le blé ne doit pas arriver à maturité complète, car alors les graines deviennent cornées et produisent une farine noirâtre. La moisson se fait généralement avec la faucille; toutefois, dans certaines contrées de la France on se sert de la faulx. Pendant la moisson, il faut tâcher surtout de garantir le froment de la pluie. Le blé destiné aux semailles doit bien mûrir et être battu peu après la rentrée. (Voyez le chapitre IX.)

Blé de printemps ou de mars.

On en fait usage sous les climats et dans les terrains qui souvent ne conviennent pas au blé d'automne; dans beaucoup de contrées, cependant, le blé de mars court plus de dangers que le blé d'automne et l'orge. Le froment de printemps produit des grains moins parfaits et une farine moins blanche que le froment d'automne; il exige un terrain de même nature, mais plus riche encore que celui que demande le blé d'automne; il faut le confier le plus tôt possible à la terre, et l'on doit employer plus de semence qu'en automne. Le froment de mars réussit fort

bien après les pommes de terre, le chanvre ; en
général, après les plantes sarclées. Le charbon
et la rouille s'y mettent plus facilement que sur
le blé d'automne. Son produit en grains est inférieur d'un quart au produit de ce dernier ; en
paille, il est inférieur d'un cinquième. (*Nicklès.*)

Les terres trop fortes ne conviennent pas plus
au froment qu'aux autres plantes. On prétend
que sur les terres humides, ou même lorsque le
blé est coupé très-mûr, son écorce devient trop
épaisse.

Epeautre.

L'épeautre est une espèce de blé dont la balle
reste adhérente au grain après la maturité. La
variété d'épeautre la plus cultivée est celle qui
n'a pas de barbe et dont les épis sont blancs ou
rougeâtres. Le petit épeautre à épis barbus, qui
ressemble à l'orge à deux rangs, se cultive avec
avantage sur les mauvaises terres ; on le sème
jusqu'en décembre. Il convient surtout aux contrées froides, montagneuses et peu fertiles ; il
craint moins l'humidité que le froment ordinaire,
et ce dernier la craint moins que le seigle. L'é-
peautre verse aussi moins facilement que le froment. Une difficulté qui s'oppose à sa culture

dans beaucoup de localités, c'est que les meuniers
ne sont pas accoutumés à moudre ce grain, qui
est adhérent aux balles. On sème trois hectolitres
par hectare.

Méteil.

En faisant un mélange d'un tiers de froment
et de deux tiers de seigle, on obtient un produit
que l'on appelle méteil. On peut avoir plus de
grain de cette manière; mais, en revanche, on
perd sur la qualité, parce que les deux céréales
ne mûrissent pas en même temps. Les produits
du froment ordinaire, de l'épeautre et du méteil varient beaucoup. On a calculé que, sur
toute l'étendue de notre territoire, la moyenne
des produits est de huit à douze hectolitres par
hectare; mais sur une bonne terre il n'est pas
impossible d'obtenir vingt-cinq hectolitres.

Seigle.

Après le froment, c'est le seigle que l'on cultive le plus en France. On le sème plus tôt que
les autres céréales. Les sols légers, peu convenables pour le froment, sont réservés au seigle. On le sème en automne, à raison d'un hectolitre et demi par hectare, après deux ou trois
labours.

Outre le seigle d'automne, on cultive aussi le seigle multicaule, le seigle de la Saint-Jean. Ce dernier se coupe ordinairement avant l'hiver, et il produit néanmoins du grain l'été suivant. Le seigle multicaule, que l'on cultive aujourd'hui dans certaines parties de l'Allemagne, reste très-longtemps avant de pousser en épis, et peut, de cette façon, être très-précieux pour la nourriture du bétail.

Sur un sol médiocre, il y a souvent plus d'avantage à cultiver du seigle que du froment, parce qu'il donne ordinairement plus de produits. La récolte se fait au mois de juillet. Le moment de la floraison est une époque plus critique encore pour le seigle que pour les autres céréales: une gelée blanche ou une pluie froide empêche le grain de se former, et il est probable que c'est alors que s'engendre l'ergot. Le seigle doit succéder à la jachère, à un pâturage, au lin, au chanvre, aux légumineuses, aux plantes-racines sarclées, récoltées de bonne heure.

Orge.

L'orge veut un terrain meuble, frais, et dans lequel se trouve de l'engrais bien préparé, que les racines de cette plante puissent facilement absorber. Si on la sème après une récolte sarclée, un seul labour suffit. On distingue l'orge d'automne et l'orge de printemps. La première s'appelle aussi *escourgeon*; on la sème du 15 au 20 septembre, à raison de deux hectolitres par hectare. Elle réussit après le colza, les légumineuses fauchées en vert, et en général après toutes les récoltes dont le sol est débarrassé de bonne heure. Les produits de l'orge sont souvent aussi considérables que ceux du froment.

L'orge de printemps offre plusieurs variétés : 1° la grande orge à deux rangs ; 2° la petite orge quadrangulaire ; 3° l'orge nue à six rangs, ou orge *céleste*; 4° l'orge nue à deux rangs. Depuis peu on a beaucoup parlé de l'orge *Nampto*, venant de l'Asie, et qui se recommande par ses qualités farineuses; l'hectolitre pèse quatre-vingts kilogrammes et la plante mûrit en moins de trois mois. Chacune des autres espèces a ses qualités particulières. La petite orge quadrangulaire se fait remarquer par une végétation extrêmement prompte, et n'exige qu'un sol médiocre; mais elle produit moins. L'orge nue à deux rangs offre cet inconvénient, que les tiges trop élancées pour supporter un épi lourd, tombent avant la maturité de la plante.

L'orge-riz, que l'on cultive aussi dans l'Est, est d'une excellente qualité, mais elle produi peu.

On sème ordinairement l'orge de printemps après deux ou trois labours; on enterre la graine à neuf ou douze centimètres; cette profondeur n'est pas trop forte, surtout dans les sols légers. Pour la grande et pour la petite orge, on emploie de deux cents à deux cent cinquante litres de semence par hectare; pour l'orge céleste, deux cents litres seulement, parce qu'elle talle beaucoup. On herse l'orge au mois d'avril; mais cette opération doit être exécutée avec précaution, car les jets se brisent très-facilement.

Avoine.

L'avoine est la céréale la moins exigeante sous le rapport du sol; toutes les terres semblent lui convenir. On en connaît diverses variétés, qui se distinguent par leurs qualités, leur couleur et leur précocité. La variété la plus généralement cultivée est celle de printemps, connue sous le nom d'avoine ordinaire; elle est la plus productive. Mais d'autres espèces sont préférables pour la qualité et la précocité ; telles sont : l'avoine patate, cultivée en Angleterre ; l'avoine blanche de Hongrie, l'avoine noire de Hongrie, l'avoine de Brie, l'avoine de Philadelphie, l'avoine de Géorgie et l'avoine des trois-lunes. Cette dernière l'emporte sur les autres pour la précocité. Parmi les autres variétés, les plus répandues aujourd'hui sont l'avoine noire ou blanche de Hongrie, et l'avoine de Brie.

L'avoine succède avec avantage à une plante sarclée, au trèfle, à la luzerne ; en général, on la cultive avec succès sur une terre neuve ou un pâturage rompu, après un seul labour. Ainsi, on doit préférer l'assolement de trèfle, avoine et blé, à celui de trèfle, blé et avoine, surtout sur une terre d'une culture difficile. On sème, après un seul labour, en février ou en mars ; les semailles faites de bonne heure produisent le plus, si elles ne souffrent pas des dernières gelées. Lorsque le sol est infesté de mauvaises herbes, il faut donner plusieurs labours. On emploie trois hectolitres de semence par hectare. L'orge et l'avoine s'égrainent facilement quand elles sont mûres ; c'est pour cette raison qu'il ne faut pas les couper trop tard.

Maïs.

Le maïs, appelé aussi *blé d'Espagne*, *blé de Turquie*, produit une grande quantité de grains très-propres à fournir une nourriture fort substantielle à l'homme, ainsi qu'à engraisser tous les animaux domestiques, surtout les porcs et la volaille. La tige du maïs est un excellent fourrage. Il aime un climat chaud, d'une humidité moyenne; il prospère partout où prospère la vigne; il peut succéder à toutes les récoltes et être suivi de froment. On laboure profondément, avant l'hiver, le sol où l'on veut le mettre, parce qu'il exige un sol meuble. Comme il craint les gelées de printemps, on ne le confie à la terre qu'à la seconde moitié d'avril ou au commencement de mai. On prend pour semence les grains les plus parfaits, qui se trouvent au milieu des épis les plus mûrs. On le sème en lignes, à la distance de 60 à 75 centimètres. On le bine deux fois, et on le butte une fois. La récolte se fait à la fin de septembre ou au commencement d'octobre. Lorsque le maïs est rentré et mis en tas, il s'échauffe et germe très-promptement; c'est pourquoi on s'empresse de lier ensemble, deux par deux, les épis avec quatre des feuilles qui les recouvrent, puis on les suspend sous un toît afin de les faire sécher.

Sarrasin.

Le sarrasin est une plante précieuse pour les contrées froides et peu fertiles. On peut s'en servir pour faire du pain. Son grain égale en valeur celui de l'orge pour les porcs, et il est plus nutritif que l'avoine pour les chevaux. Vert, il sert comme fourrage et comme engrais, et on le met avant et après toute espèce de récolte. On le sème à la fin de mai si on veut le récolter en grain, et en juillet si on veut seulement s'en servir comme fourrage vert. Il aime un sol très-meuble, et ne veut pas être semé épais : un hectolitre par hectare suffit si on veut le récolter en vert, et il ne faut que trente à quarante litres lorsqu'on veut récolter le grain. Il produit de 20 à 25 hectolitres par hectare.

Millet.

On peut fabriquer du pain avec les graines de millet ou panis ; on les mange aussi en les préparant à la façon du riz ; enfin, on peut les employer à la nourriture de tous les animaux domestiques.

Espèces. — On cultive deux espèces principales de millet : 1° le millet commun (panicum miliacum), les graines blanches, jaunes, ou noirâtres de cette plante, selon les variétés, sont attachées à de longues ramifications lâches et pendantes; la tige s'élève à 1ᵐ ou 1ᵐ.50.

2° Le millet d'Italie (panicum italicum), cette autre espèce a un épi serré, cylindrique et à ramifications très-courtes; elle atteint la même hauteur que l'espèce précédente. Le millet d'Italie donne un peu plus de grain que le millet commun, mais il est plus petit et moins estimé.

Climat et Sol. — Les millets exigent le même climat que le maïs. Quant au sol ils préfèrent les terres de consistance moyenne.

Culture. — Les millets sont semés soit au printemps comme récolte principale, dès que les gelées blanches ne sont plus à craindre; soit en été après l'enlèvement des céréales précoces, comme récolte intercalaire; un labour suivi d'un hersage est ordinairement suffisant pour préparer la terre à recevoir le millet. Mais il faut à ce végétal beaucoup d'engrais, parce qu'il épuise fortement le sol. Il rend en moyenne 52 hectolitres de grain par hectare. On sarcle et l'on butte le millet, comme le maïs. La paille verte et même sèche est un bon fourrage.

On peut établir les proportions suivantes pour la quantité de paille qui est produite relativement à celle du grain :

GRAIN.		PAILLE.
Froment,	1 kilog. 38 gram. donnent	3 kil. à 3 kil. 50 gr.
Seigle,	1 kilog. 50 gram. —	4 kil. à 4 kil. 50 gr.
Orge,	1 kilog. donne	1 k. 75 gr. à 2 k.
Avoine,	1 kilog. —	1 k. 75 gr. à 2 k.

Plantes oléagineuses.

Colza. — Le colza d'hiver se sème en place, à la volée, à raison de huit litres par hectare, ou en lignes; on le repique aussi; mais le semis en lignes et en place est le mode généralement suivi. Cependant, en semant d'abord en pépinière, on a l'avantage de moins craindre les sécheresses, parce que, lorsque la plante lève, on a une étendue moins grande à soigner; mais, il faut le dire, cette méthode est la plus coûteuse et demande beaucoup de temps pour son exécution. En général, on ne repique que lorsqu'on n'a pu semer avant la mi-août, à moins qu'on n'ait une terre très riche. On sème en pépinière dans la seconde quinzaine de juillet, et l'on ne doit pas transplanter après le 15 octobre dans le Nord et dans l'Est.

En lignes, on met les plants à cinquante centimètres de distance, afin que les binages et les houages soient à la fois faciles et économiques. On fait presque toujours passer le rouleau avant la semaille. Il faut avoir soin de biner et d'éclaircir seulement lorsque les plantes sont bien développées.

Le colza de printemps, fort casuel, comme la plupart des marsages, se plaît sur les sols humides et même marécageux, pourvu que ceux-ci soient égouttés. On le sème en mai, à raison de douze ou quinze litres par hectare, sur un sol bien préparé par deux ou trois labours. Comme ces récoltes occupent le sol pendant peu de temps seulement, les binages produisent bien moins d'effet que sur les plantes automnales.

Navette. — La navette d'hiver, moins exigeante et moins exposée à souffrir des pucerons que le colza, donne aussi moins de produits que celui-ci. On la sème sur une terre bien ameublie, et l'on emploie la même quantité de semence que pour le colza. On l'enterre, soit à la herse, soit à l'extirpateur, à six centimètres de profondeur. On la confie à la terre, de la fin de juillet au commencement de septembre; on bine, ou au moins on sarcle; on éclaircit le plant. L'été suivant on récolte la graine, ainsi que celle du colza, avant la complète maturité.

La navette de printemps se sème dans la première quinzaine de mai ; elle se plaît particulièrement sur les terres légères, sablonneuses, mais fraîches, et elle est ordinairement suivie d'une céréale, de même que le colza.

Pavot. — Le pavot, autrement dit *œillette*, se cultive principalement en Flandre, où l'on fabrique, de la graine de la plante que nous venons de nommer, une huile agréable, dont il se fait en France une immense consommation. Après un labour d'automne, on sème en janvier ou en février, sur un sol meuble et léger, mais riche et profond. On en cultive deux variétés : le pavot ordinaire et le pavot blanc ; dans l'une, la semence est grise et sort des capsules au moment de la maturité ; l'autre a la semence blanche. L'œillette grise est préférée dans la grande culture, à cause de la qualité de l'huile que l'on en retire ; l'œillette blanche est préférée pour la médecine. On cultive le pavot en lignes ou à la volée ; deux kilogrammes et demi de semence par hectare suffisent ; on recouvre très-légèrement ; au mois d'avril on le sarcle ; en ayant bien soin de choisir un temps sec. On éclaircit de façon que les pieds se trouvent à trente-cinq ou quarante centimètres de distance; mais cette opération n'a lieu que lors du second binage, qui se donne lorsque les feuilles sont bien apparentes. La récolte se fait en août. Dans une bonne année, les produits sont de quinze à vingt hectolitres par hectare, et l'on obtient environ vingt-huit litres d'huile par hectolitre.

Cameline. — Elle se sème depuis le mois de mars jusqu'en juin. Elle veut un sol riche, et elle a l'avantage de n'être jamais attaquée par les pucerons. On met environ huit litres de cameline par hectare, et on la recouvre très-légèrement. Elle produit de quinze à vingt hectolitres par hectare.

Moutarde. — La moutarde blanche ou noire se cultive moins en grand que les plantes précédentes. On la répand, en avril, sur un sol bien ameubli par deux ou trois labours. Si l'on sème à la volée, on met 6 à 8 kilogrammes par hectare; on en met quatre à cinq si l'on sème en lignes. La récolte de la moutarde est difficile à effectuer, vu que cette plante mûrit inégalement; il ne faudrait pas cependant attendre trop longtemps pour la couper, car on risquerait de perdre une grande quantité de graine;

sa maturité s'achève en meulons. Elle produit de quatorze à quinze hectolitres par hectare.

(*L. Bentz* et *A.-J. Chrétien*, de Roville.)

CULTURE DE LA VIGNE.

La vigne exigeant, pour produire de bon vin, un certain degré de chaleur, ne se plaît pas en plaine, mais plutôt sur la pente de côteaux, dans une exposition chaude, abritée et tournée vers le midi, où le soleil darde ses rayons avec force et échauffe le sol pendant toute la journée.

La vigne aime surtout un sol chaud, sec, assez meuble et riche. Le terrain glaiseux, tenace, froid et humide lui convient aussi peu que le gravier ou le sable aride. Une terre trop riche et fortement fumée peut faire pousser à la vigne beaucoup de bois et de raisins; mais ces raisins ont l'inconvénient de pourrir facilement, et ils produisent rarement des vins fins et d'un bouquet agréable. Les terrains très-calcaires, marneux ou pyriteux meubles sont propices à la vigne; mais les plus favorables sont les sols légers, sableux, mélangés de petites pierres à travers lesquelles les racines peuvent facilement pénétrer. Les meilleurs vins viennent sur les roches délitées, c'est-à-dire décomposées par l'influence de l'air et de l'eau. Comme lés racines de la vigne ont besoin de pénétrer profondément dans la terre, il est toujours important de s'assurer qu'elles trouveront celte faculté dans le sous-sol.

Etablissement d'une vigne nouvelle. Défoncement.

La prospérité d'une vigne dépendant principalement du défoncement, il est nécessaire d'y consacrer une attention toute spéciale, et il est toujours plus avantageux de le faire faire à la journée qu'à la tâche. Les règles suivantes sont à observer pour ce travail.

La meilleure saison pour le défoncement est l'automne ou le printemps; l'hiver n'est pas favorable pour cela, car alors la terre est gelée, et les mottes sont difficiles à écraser.

Le premier fossé que l'on ouvre doit être fait à la partie inférieure, et recevoir au moins une largeur d'un mètre quarante centimètres; la terre qui en provient doit être portée à la partie supérieure de la pièce que l'on veut planter en vigne. Sur les terrains argileux, on donne aux fossés un mètre de profondeur, et un mètre quarante centimètres dans les terres pierreuses. Sur les montagnes, on défonce plus profondément qu'en plaine; sur une bonne terre meuble, le défoncement peut être moins profond que sur une terre pierreuse ou forte.

La règle principale à observer est que la terre soit retournée de manière que la croûte supérieure vienne au fond, et que la terre du fond soit mise à la surface : par là, la bonne terre se trouve mieux à portée des racines, qui y puisent de la nourriture, et le sous-sol (ou terre vierge) s'améliore, se fertilise par l'influence de l'air, par les engrais et les façons.

Choix des espèces ou variétés.

Lorsque le vigneron aura, à la sueur de son front, bien disposé le terrain, il lui restera à faire un choix convenable de variétés de raisins.

Pour chaque contrée il faut choisir les espèces les plus convenables au climat, à l'exposition, au terrain; des variétés, enfin, qui mûrissent bien, non-seulement dans les bonnes années, mais aussi dans les années ordinaires. Pour un bon terrain et une exposition favorable, on donne la préférence au Rissling, puis à l'Or-

léans et au Tramin ou Klevner rouge. Dans les
expositions moyennes, le Chasselas blanc, le
Chasselas croquant et le Salvanien vert conviennent pour les vins blancs; et, pour les vins
rouges, le Salvanien bleu-noir et le gros Rau-
schling bleu-noir. Lorsqu'on se trouve dans des
conditions peu avantageuses, on donne la préférence aux espèces d'une maturité hâtive, par
exemple : le Pineau noir (Bourguignon noir),
le Salvanien vert, le plan d'Ortlieb, le Chasselas croquant.

Crossettes ou crochets.

Les crossettes sont des rameaux de vigne ou
sarments. C'est ordinairement au mois de mars
que l'on coupe les crossettes sur les pieds de
vigne dont on connaît bien la valeur, ou que
l'on a marqués pour cela déjà à l'automne, avant
la vendange. On donne à ces crossettes une longueur de quarante-cinq à cinquante centimètres;
en bas, au point de la section, on laisse un petit bourrelet du bois de deux ans que l'on coupe
droit; puis on réunit ces crossettes par cinquante,
on les lie ensemble pour les conserver couchées
en terre ou plongées dans l'eau. Il faut surtout
faire attention qu'elles ne sèchent pas ni ne moi-

sissent. Dès que la sève se met en mouvement
et que les bourgeons des crossettes commencent
à pousser, on les plante ; mais il n'en faut jamais emporter que pour une demi-journée ; on
les tiendra à l'ombre ou couvertes de toile
mouillée. Les crossettes reviennent moins cher
que les chevelus ; elles passent aussi pour donner des pieds plus durables que ces derniers.
Pendant les étés secs, beaucoup de crossettes
ne prennent pas, et souvent, parmi celles qui ont
pris, il y en a qui périssent la seconde année.

Chevelus.

Les chevelus proviennent des crossettes que
l'on a mises en terre pendant un à trois ans,
dans un endroit réservé de la vigne, et à une
distance de six à huit centimètres, en les débar-
rassant bien pendant l'été des mauvaises herbes. Les chevelus ont sur les crossettes l'avantage de prendre plus facilement, ce qui rend le
provignement moins nécessaire ; outre cela, les
chevelus supportent mieux les variations de
température, et leur croissance, plus rapide que
celle des crossettes, peut faire gagner un ou deux
ans. Il est donc avantageux de donner la préférence aux chevelus pour les nouveaux com-

plants, d'autant plus que chaque propriétaire de vigne a peu de frais, pour les préparer lui-même. On plante au printemps les chevelus de deux ou trois ans, après en avoir taillé les racines et en avoir rabattu la tige à un œil.

Dans beaucoup de contrées, on se sert aussi de marcottes ou provins obtenus en couchant en terre les sarments d'un pied de vigne pour leur laisser pousser des racines; on sépare ensuite ces sarments de la plante-mère.

Plantation des crossettes et des chevelus.

Il y a différentes manières d'opérer cette plantation, qui se fait ordinairement au mois d'avril. Celle que nous préférons est la suivante, connue sous le nom de plantation en fossettes ou augets: à cet effet, on creuse une fossette de trente-cinq centimètres de profondeur; dans cette fossette on place la crossette ou le chevelu, de manière que le plant suive, à une longueur de vingt-cinq centimètres; un piquet placé à cet effet dans la fossette près de ce plant; ce dernier doit être couché dans sa partie inférieure, sur le sol, au fond de la fossette; après cela, on remplit le trou de terre fine, que l'on tasse avec

5*

les pieds. Mais, ce qui vaut mieux encore, c'est d'y mettre quelques poignées de bon terreau préparé avec du fumier consommé ou avec de la marne et du gazon. Un vigneron prévoyant doit toujours tenir prêt, à cet effet, de cette espèce de compost.

Traitement du nouveau complant pendant les trois premières années.

Il ne suffit pas d'avoir consacré ses soins, ses peines et son attention à l'établissement d'une vigne nouvelle; cette même attention, ces mêmes soins doivent être continués à la plantation; il faut, en un mot, la travailler convenablement si l'on veut la conserver et en tirer profit. Le vigneron actif aura donc à observer ce qui suit:

La première année, on surveille les jeunes plants, pour voir s'ils prospèrent; on éloigne toutes les pierres qui peuvent gêner les jeunes pousses; on a soin de tenir le terrain bien propre au moyen de deux sarclages. Cultiver dans les intervalles des choux, des navets, du maïs, des potirons, etc., est une pratique nuisible, car toutes ces plantes enlèvent beaucoup de nourriture à la vigne. Là où la vigne est exposée à souffrir des gelées, on butte en automne les jeunes ceps.

La secomde année, au printemps on déchausse les ceps à une profondeur de dix à quatorze centimètres jusqu'au troisième nœud, et l'on enlève, avec un bon couteau ou une serpette, toutes les racines superficielles en les coupant net. On rogne de même, tout-à-fait, les pousses de la première année, sans en laisser un seul bourgeon; puis on couvre la tête d'un peu de terre. Les sujets qui, à la première année, n'ont pas pris, sont remplacés par des chevelus. Pendant l'été, on éloigne toutes les mauvaises herbes par quelques façons de propreté. A l'époque de la floraison du raisin, on coupe la partie supérieure de toutes les pousses qui ont soixante centimètres de longueur, et l'on pince les petites pousses qui partent du milieu de la tête. On répète cette opération au mois de juillet, et à l'automne on remet la terre en butte.

Au mois de mars de *la troisième année*, on déchausse comme on a fait à la seconde année; on coupe les racines superficielles, et l'on taille à un œil toutes les pousses nouvelles. Les pieds faibles, qui n'ont pas encore formé de tête, se coupent tout-à-fait à la partie supérieure. Dans cette troisième année, on donne un houage de dix à douze centimètres de profondeur, on implante les échalas, et pendant l'été on maintient la propreté par plusieurs sarclages. On coupe, dans le courant de l'été, la partie supérieure de tous les jets qui ont soixante-cinq centimètres de long. Partout où l'on avait planté deux provins ensemble, on enlève avec précaution le plus faible au printemps, et on l'utilise pour remplacer un autre qui n'a pas réussi; mais on laisse subsister le plus fort à la place qu'il occupe.

Soins à donner aux vignes complètement faites.

Dans une vigne bien soignée, les travaux se suivent ordinairement ainsi :

Le découvrement. — Le découvrement n'a lieu que dans les contrées où il est nécessaire de couvrir les vignes pour les garantir des gelées; on les découvre alors aussitôt que la terre est ressuyée, à peu près au mois de mars.

Le déchaussement. — Le déchaussement des ceps se fait avec une espèce de houe étroite, appelée tranche; cette opération a pour but d'éloigner la terre du cep, à la profondeur de quelques centimètres, pour que l'on puisse rogner les racines supérieures, qui enlèvent l'humidité et la nourriture aux inférieures et gênent les façons à la houe. Il ne faut jamais déchausser à la fois que le nombre des ceps dont on peut tailler les racines dans une journée.

La taille.—La taille de la vigne est l'une des opérations les plus importantes, car c'est de la taille que dépend en partie la durée plus ou moins longue du cep, la qualité et la quantité des vins. On taille la vigne afin de la rajeunir en quelque sorte tous les ans. A cet effet, on aura à observer les règles suivantes ;

Tenir bas le cep, ou rapprocher du sol, autant que possible, les sarments qui portent des fruits ; ne pas laisser trop de bois au cep, afin qu'il puisse produire des raisins de qualité et de grosseur convenables, et en quantité suffisante, sans trop s'épuiser.

Par la taille, le cep doit être façonné de manière que les raisins puissent jouir de la lumière, de la chaleur, de la rosée, etc.

Les coursons nécessaires se taillent toujours derrière les verges, d'après ce dicton des vignerons : « Il ne faut pas placer le fils devant le père. » (On appelle courson une branche de vigne taillée et raccourcie à trois ou quatre yeux.)

Ordinairement on façonne en coursons les pousses endommagées par la grêle; on coupe à trois centimètres au-dessus de terre les vignes gelées.

Les jeunes vignes supportent fort bien la taille en ployons ou verges, tandis que les vignes anciennes doivent toujours être taillées en coursons.

Après une année d'abondance, on assied ordinairement moins de verges et de coursons.

Quant à l'époque de la taille, elle varie suivant les climats : dans les contrées chaudes, elle commence vers la fin de l'automne; au printemps, seulement avant la sève, dans les climats un peu froids.

Le houage ou première façon.—Comme toutes les autres plantes, la vigne a besoin, pour prospérer, de l'influence de la chaleur, de l'air et de l'humidité; c'est donc pour faciliter l'action de ces agents de la nature, qu'au printemps, lorsque la terre est suffisamment ressuyée, on l'ouvre au moyen d'une houe ou d'un pic à deux pointes. Pour cela, on aura à observer de bien retourner la couche remuée de ma-

nière que la partie supérieure vienne en bas et
la partie inférieure en haut.

Le placement des échalas ou *échalassement*
se fait avant que les pousses se montrent ; en
ne le faisant qu'après, on pourrait les endommager. Les bois de chêne, d'acacia, de châtaignier, sont les meilleurs pour échalas. On
donne à chaque cep autant d'échalas qu'on lui
a laissé de branches ; les échalas se placent au
moyen d'un avant-pieu, à des distances convenables pour ne pas gêner l'action de l'air et de
la chaleur.

La seconde façon se donne ordinairement
avant la fleuraison, car pendant cette époque
on ne doit se livrer à aucun travail dans la
vigne. Cette seconde façon a pour but d'émiet-
ter la terre remuée par le houage, de détruire
les mauvaises herbes, de remettre au pied du
cep la terre qui en a été enlevée ; elle ne s'exécute que lorsque le sol est sec ; on le travaille
alors à une profondeur de cinq centimètres environ.

La rognure. — Cette opération ne peut être
confiée qu'à des personnes qui connaissent la
taille de la vigne. Elle consiste à enlever toutes
les pousses superflues qui, l'année suivante,

ne pourront servir ni de ployons ni de coursons.

Le second accolage a pour objet d'attacher les pousses à l'échalas avec de la paille ou du jonc, pour qu'elles ne puissent être cassées par le vent.

La troisième façon s'exécute dès que les mauvaises herbes se montrent de nouveau ; on ne doit y procéder ni par une grande sécheresse, ni lorsque le sol est humide. Souvent un excès de mauvaises herbes nécessite encore une quatrième façon. La règle générale est, en un mot, qu'il faut, dans le courant de l'été, tenir le terrain de la vigne très-propre et très-meuble, car de là dépendent l'abondance et la bonne qualité du vin.

Fumure de la vigne.

Pour que la vigne produise convenablement, il faut qu'elle reçoive des engrais plus ou moins souvent, suivant la nature du terrain. Sur les terrains en pente on fume tous les trois ans, et en plaine tous les quatre à six ans.

De la vendange.

Ne vous mettez à vendanger que lorsque vos raisins ont atteint le plus haut point de maturi-

té, de manière à commencer à pourrir. Dans les
années défavorables, il est vrai, on ne peut pas
toujours faire comme on veut; néanmoins, re-
culez votre vendange toujours autant que les
circonstances vous le permettront. On sait, par
un grand nombre d'expériences, qu'en vendan-
geant tard on obtient toujours un vin plus spiritueux.

Une règle capitale est de toujours séparer les
raisins mûrs d'avec ceux qui ne le sont pas, car
un seul raisin non mûr peut détériorer le jus
de trois raisins cueillis en parfaite maturité. Il
faut donc commencer par vendanger les ceps
qui mûrissent les premiers, et ne procéder que
plus tard à la récolte de ceux d'une maturité
plus tardive.

Il faut toujours faire un triage entre les raisins qui ont commencé à pourrir et ceux qui
sont encore sains : les raisins pourris peuvent
facilement communiquer un mauvais goût au
vin.

Pour obtenir des vins rouges de belle couleur
et de conserve, il faut faire fermenter ensemble, dans une cuve fermée, des raisins rouges
et noirs égrappés; souvent, par un temps chaud,
la fermentation est faite au bout de six jours;

parfois aussi, elle peut durer dix jours et plus. Pendant la fermentation, on remue toute la masse une fois par jour, pour que la couleur rouge, qui se trouve principalement dans la peau des baies, puisse mieux se communiquer au liquide. En tout cas, il est très-vicieux de laisser la masse trop longtemps dans les cuves, car, par la fermentation, le marc peut se rassembler à la surface, s'échauffer et passer à l'aigre.

Soins à donner au vin en cave.

La première condition pour bien conserver le vin est une bonne cave assez profonde, et disposée de manière à ne pas devenir trop chaude en été. Une cave bien conditionnée doit être voûtée, éloignée des lieux d'aisances et des fosses à fumier; munie de soupiraux au moyen desquels on puisse renouveler l'air : en été, on ferme bien ces soupiraux le jour, et on les ouvre la nuit. Dans une cave destinée au vin, on ne doit renfermer aucun objet qui puisse en vicier l'air, comme, par exemple, des légumes, du fromage, des viandes salées, etc.

Les futailles doivent être solides et propres;

il vaut mieux les cercler en fer qu'en bois, surtout pour des caves humides, où les cercles en bois pourrissent facilement. Pour garantir de la rouille les cerceaux en fer, on leur donne, de temps à autre, une couche d'huile de lin ou d'un vernis à couleur. Après avoir vidé un tonneau, il faut bien le rincer, le faire sécher pendant un ou deux jours, puis le soufrer; cette précaution est indispensable pour préserver les futailles du moisi, qui peut facilement se communiquer au vin et lui ôter ses qualités marchandes. Ce soufrage doit être répété plusieurs fois par an, car un tonneau moisi est très-difficile à nettoyer.

Pour que le vin se conserve bien, il faut toujours que les tonneaux soient pleins jusqu'au bondon; à cet effet, on remplace toutes les trois à quatre semaines, par d'autre vin, ce qui se perd par l'évaporation.   (*Nicklès.*)

CHAPITRE III.

Prairies artificielles.—Fourrages.—Irrigation.—Nature des
assolements.—Supression des jachères; ses avantages.

Prairies artificielles.

L'introduction des plantes légumineuses,
telles que le trèfle et la luzerne, dans la culture,
a amené des améliorations de tous genres en
agriculture.

Les prairies artificielles ont sur les prairies
naturelles l'avantage de réussir sur une plus
grande variété de sols ; envisagées d'une manière générale, elles l'emportent aussi sur les
autres prairies sous le rapport de l'abondance
des produits et des qualités nutritives; cette
dernière supériorité qu'elles ont sur les graminées, elles la doivent aux principes azotés, à
l'albumine qu'elles renferment. En outre, elles
améliorent le sol, au lieu de l'épuiser.

Les plantes dites légumineuses peuvent se
diviser en deux classes, selon les produits que
'on en retire : 1° les légumineuses qui forment

les prairies artificielles et qui donnent du fourrage à consommer vert ou sec ; elles se composent de plantes annuelles ou bisannuelles et
de plantes vivaces.

2°. Les légumineuses qui donnent des produits en grains servant à la nourriture du bétail , ou bien qui peuvent être consommées en
vert ou sèches comme fourrage. Parmi celles
de la première classe , il convient de citer la luzerne et le sainfoin, le trèfle ordinaire, le trèfle
incarnat , la lupuline ou minette dorée , le mélilot. Parmi les secondes , on remarque particulièrement les gesses, les jarosses , les vesces,
les fèves, les lentilles et les pois. Nous allons
dire quelques mots sur chacune de ces plantes
en particulier.

La *luzerne* est la première des légumineuses
fourragères. Elle est originaire du Midi, où l'on
en retire des produits très-abondants. Un sol
riche, profond, très-propre, bien défoncé, est,
pour elle la meilleure condition de réussite. Cependant on la voit aussi réussir dans quelques
sols peu profonds, reposant sur un lit de pierres
calcaires qui laissent entre elles des interstices
où les racines peuvent s'insinuer. Elle ne réussit pas dans les sols humides. On peut la semer

4

en automne ou au printemps. Comme la première année elle produit peu, on sème quelquefois en même temps du trèfle sur le même sol. On emploie de vingt-cinq à trente kilogrammes de semence par hectare, et on la recouvre légèrement, comme on fait pour toutes les graines fines. La luzerne est attaquée par la cuscute et le rhizostome, qu'on ne peut détruire qu'en fauchant très-souvent la prairie; quelquefois aussi on la brûle entièrement, de manière à ne réserver que les racines.

La luzerne se fauche quinze jours avant le trèfle; cependant elle ne doit pas être consommée trop jeune, car elle relâche les animaux. Rentrée nouvellement, elle les constipe; il faut donc attendre qu'elle ait jeté son feu, comme disent vulgairement les cultivateurs. Elle se durcit en séchant, mais elle conserve ses principes nutritifs si la graine n'est pas formée. On compte ordinairement quatre mille cinq cents kilogrammes de produit par hectare; mais on obtient un cinquième ou un sixième en plus si l'on fait quatre coupes. Le plâtre, comme nous l'avons dit en parlant des stimulants, augmente beaucoup le produit des légumineuses; il ne faut donc pas négliger d'en répandre, principalement sur les luzernes, les trèfles et les sainfoins. La

luzerne plaît à tous les animaux : verte, elle
convient parfaitement aux bœufs de travail et à
ceux qu'on engraisse, aux juments poulinières
et aux porcs. Il y a préjudice à faire consommer
la luzerne sur pied, car cela nuit à la plante et
expose les animaux à enfler.

La *lupuline* ou *minette dorée*, dont il y a plusieurs espèces, est une plante bisannuelle précieuse, qui croît sur presque tous les sols. Elle
réussit sur les terres calcaires, dans les argiles
marneuses, ainsi que sur les terrains légers et
de peu de valeur. Son fourrage est recherché
des animaux; il produit rarement des indiges-
tions, et convient, pour cette raison, en pâturage. On la sème ordinairement en avril, dans
une récolte à grains, à raison de quinze à dix-
huit kilogrammes par hectare. On la plâtre
l'année suivante, et, si on la fauche au lieu de
la faire pâturer, on n'en fait qu'une coupe.

Le *trèfle* est, après la luzerne, la plante fourragère la plus utile qui entre dans nos assolements; on en compte trois espèces principales :
le trèfle ordinaire, que l'on sème au printemps
dans une céréale d'automne; le trèfle blanc, et
le trèfle incarnat, connu particulièrement dans
le Midi. On peut couper ce dernier de très-
bonne heure au printemps. On le sème sur les

éteules, en juillet ou en août; il se plaît sur un terrain ferme, et il suffit ordinairement d'un coup de herse pour l'enterrer. On l'emploie surtout comme fourrage vert : lorsqu'il est sec, on le considère généralement comme ayant peu de valeur. Toutefois, dans le département de Lot-et-Garonne on le fait consommer en grande quantité quand il est desséché, et les habitants de ce pays le regardent dans cet état comme équivalant à tous les autres fourrages.

Le trèfle blanc convient dans les pâturages établis sur les terrains sablonneux. Dans les années humides, il donne des produits assez avantageux, que l'on fait consommer sur place ou que l'on rentre verts. Il convient très-bien aux moutons, et ne les expose point à la météorisation, comme le trèfle ordinaire.

Le trèfle ordinaire ou grand trèfle rouge exige un sol bon ou bien amendé, et une exposition douce, mais non chaude. Dans la semaille, on doit éviter d'employer de la graine séchée au four, car une partie ne germerait pas. Ce sont surtout les graines fourragères qu'il faut essayer avant de les semer.

Quant au *mélilot*, il a l'avantage de croître sur les terrains médiocres; mais il est peu récherché par les animaux qu'il expose d'ailleurs à la météorisation.

Le *sainfoin* ou *esparcette* est le plus précieux des fourrages sur les sols très-calcaires, où souvent aucune autre plante ne réussit ; on prétend que ses racines pénètrent dans la roche. Dans le Nord, il ne fournit qu'une bonne coupe. On sème ordinairement au printemps de trois cent cinquante à quatre cents litres par hectare ; mais il faut avoir soin de ne pas y mêler de pimprenelle, car la qualité du fourrage s'en trouverait considérablement diminuée. On l'enterre à la même profondeur que les céréales. Bien récolté, il est la première des nourritures pour la qualité. Dans le Midi, après l'avoir coupé, on le fait pâturer pendant le reste de la belle saison. Il produit, dans les bonnes années, quatre mille à quatre mille cinq cents kilogrammes par hectare.

Les *gesses* à larges feuilles, les *jarosses*, les *vesces*, les *féveroles*, les *lentilles* et les *pois* sont assez souvent employés par le cultivateur comme fourrages d'hiver et d'été, verts ou secs ; mais il faut les couper avant la maturité, car, autrement, on n'a plus que de la paille. Ces plantes sont plus généralement cultivées pour leurs produits en grains, surtout dans le Nord et dans l'Est.

Dans le Midi, on cultive particulièrement comme fourrage la petite gesse, qui se sème en automne, à raison de deux à trois hectolitres par hectare. Les bêtes à laine la recherchent particulièrement, ainsi que les porcs. En Flandre et en Alsace, c'est la vesce d'hiver que l'on cultive de préférence; elle sert au printemps, lorsque les provisions d'hiver sont consommées. On peut la faire suivre d'une récolte sarclée, ainsi que toutes les fourragères, qui deviennent alors de véritables récoltes dérobées.

Irrigation.

L'irrigation est une opération qui consiste à tracer à côté des prairies et dans les prairies elles-mêmes, des rigoles au moyen desquelles on amène l'eau quand on le juge convenable. L'importance des irrigations est aujourd'hui généralement sentie. Il n'est pas possible de prescrire des règles fixes sur l'irrigation, car on ne peut pas toujours choisir les eaux ni tracer les rigoles comme on le désirerait. Disons seulement que si on est libre dans le choix des eaux, il faut préférer celles qui charrient des éléments calcaires, des substances fécondantes : l'eau doit d'abord arriver à la partie supérieure de la prairie ; on la distribue ensuite au moyen de petites tranchées dans tout l'espace qu'on veut arroser; puis, à l'aide de saignées d'assainissement, au bout de quelques jours on la fait écouler hors de la prairie, car jamais les eaux ne doivent croupir sur l'herbe.

La chaleur et l'humidité étant les principes les plus utiles aux végétaux, il est facile de comprendre combien il peut être avantageux d'exécuter des arrosements sur ses prés, de temps en temps, pendant l'été.

Nature des Assolements. — Suppression des Jachères ; ses Avantages.

La question de l'assolement est la première dont il faut s'inquiéter lorsqu'on s'occupe d'agriculture.

En effet, quelles plantes cultivera-t-on dans les circonstances où l'on se trouve placé? Comment les distribuera-t-on sur les terres, dont la nature peut varier considérablement? Dans quelles proportions devra-t-on les cultiver? Quelle quantité d'engrais devra-t-on créer annuellement? Voilà des questions qu'il importe de se faire et de résoudre promptement.

Il n'y a de bon assolement que celui qui rend suffisamment à la terre, en même temps qu'il donne des produits satisfaisants.

Il ne faut pas confondre le système avec l'assolement. Supposons qu'un cultivateur, après avoir bien examiné sa position, et tenu compte des circonstances qui l'entourent, se dise : « Mes terres sont propres à me fournir une grande masse de fourrages, je me livrerai donc à l'éducation du bétail » ; il aura, par là, fait le choix de son système. Mais comment devra-t-il distribuer les plantes sur le sol pour en obtenir le plus de produits ? C'est alors qu'il devra, pour mettre son système à exécution, faire son plan de culture, calculé d'après le climat, les besoins des plantes, la nature et la richesse du sol : voilà ce qui formera son assolement.

Dans l'alternat ou culture alterne, on supprime presque généralement la jachère, et l'on retourne les prairies naturelles qui ne donnent pas de produits assez abondants. Tout cela est remplacé par les prairies artificielles et les plantes sarclées, au moyen desquelles on crée des masses d'engrais qui font obtenir sur une même étendue de terrain deux ou trois fois plus de produits que dans le système céréal pur. Ainsi,

tout en diminuant l'étendue des terres ensemen-
cées en céréales, on peut pourtant créer plus de
grains ; et remarquons bien que, les frais de culture étant toujours en proportion de l'étendue,
et non en proportion des produits, l'avantage,
de cette manière, est double, car les produits
augmentent, tandis que les frais diminuent.

De la Nécessité d'alterner les Végétaux sur le même sol.

Pour comprendre la nécessité de l'alternat,
il suffit de savoir que les plantes n'aiment à se
succéder sur le même sol qu'à des intervalles
assez longs; que si une terre porte plusieurs années de suite la même récolte, le sol devient
ordinairement peu productif, lors même qu'on y
prodigue de l'engrais : on dit alors qu'il y a ef-
fritement. Dans ce cas, les mauvaises plantes
prennent le dessus sur les bonnes, qui disparais-
sent presque complètement.

On ne peut guère prescrire telle ou telle rotation comme la meilleure. La rotation doit être
modifiée selon la nature du sol et du climat.
Elle peut être différente selon que la terre est
légère ou forte, sablonneuse ou argileuse. Nous

dirons cependant que toute rotation doit avoir
pour caractère distinctif de permettre la culture
des plantes fourragères artificielles et des plantes-racines; avec cela, on augmente son fumier
et ses produits. Dans le Midi, les terres fortes
ou calcaires portent une céréale tous les deux
ans, et, dans l'intervalle, on cultive une légu-
mineuse ou l'on fait jachère. Sur les terres légères, les céréales (ordinairement le seigle) reviennent tous les trois ans.

Dans l'Est, le Centre et le Nord, on suit avec
succès, dans les terres fortes, l'assolement suivant : 1° jachère, 2° froment, 3° trèfle, 4° avoine,
5° froment; ou bien, si la terre est de moyenne
consistance, on remplace la jachère par une
plante sarclée. Dans les terres légères, on supprime la jachère, et l'on fait succéder les unes
aux autres, dans l'ordre ci-après, les plantes suivantes : 1° racines, 2° froment, 3° trèfle, 4° seigle ou orge selon la nature du sol, 5° sarrasin
récolté ou enfoui. A Roville, on a eu, dans les
bonnes terres de la plaine, la rotation que voici :
1° betteraves, 2° froment, 3° sarrasin enfoui,
4° orge, 5° colza, 6° seigle, 7° pâturage. Aujourd'hui que le colza se cultive beaucoup moins,
on pourrait le remplacer par une plante-racine,
comme la pomme de terre.

Parmi les rotations suivies en Allemagne, en voici une que l'on regarde avec raison comme très-productive : 1° plante sarclée (fèves et pommes de terre, etc.), 2° orge d'hiver, 3° seigle, 4° trèfle blanc à pâturer, 5° avoine. Dans les terres un peu fortes, on pourrait introduire avec avantage le Blé dans une des trois années occupées par les céréales. En Angleterre, dans les contrées les plus avancées sous le rapport agricole, on suit cette rotation : 1° turneps (navets), 2° orge, 3° trèfle, 4° froment, 5° pois, 6° avoine, 7° turneps, 8° orge, 9° trèfle, 10° froment. Cette rotation, très-simple, peut se modifier selon les circonstances.

De la jachère.

On appelle jachère le repos que l'on donne à la terre en la laissant improductive pendant un an; néanmoins elle reçoit, pendant l'été de cette année de repos, les cultures nécessaires soit à son ameublissement, soit à la destruction des mauvaises herbes. On l'appelle, dans ce cas, jachère complète.

On peut encore avoir une demi-jachère : c'est lorsqu'on a pris une récolte faite de bonne heure, et que le sol n'est ensemencé qu'à l'automne ou au printemps suivant. Ainsi, lorsqu'on fait une récolte de blé, et qu'on attend jusqu'au mois de mai ou de juin suivant, pour faire une plantation de pommes de terre, on n'a qu'une demi-jachère, qui a lieu en hiver.

Suppression de la jachère.

Le principal reproche qu'on peut adresser à la jachère, c'est la perte d'une année de produits qu'elle occasionne dans l'assolement. Cette perte, d'abord très-grande pour le cultivateur, devient énorme si on la calcule relativement au pays entier. On s'en convaincra facilement, si l'on considère qu'en laissant la moitié, le tiers ou le quart de ses terres improductif, la perte des produits du sol sera dans la même proportion.

La jachère doit être supprimée dans les cas suivants : 1° sur un sol riche et propre, où l'on fait revenir tous les quatre ou cinq ans une récolte sarclée qui permet de détruire les mauvaises herbes ; 2° sur un sol léger et qui pèche déjà par son trop grand ameublissement; si, par le manque d'engrais ou la position de la terre;

on est obligé de la laisser en repos, il vaut mieux
y établir un pâturage, qui raffermit le sol tout
en l'enrichissant ; 3° partout où le loyer des
terres est très-élevé, ce qui a lieu dans la proximité d'un grand centre de population; 4° partout où la propriété est très-divisée; 5° partout,
enfin, où des amendements convenables se
rencontrent, et où les capitaux ne manqueront
pas.

Citons maintenant les circonstances où il est
avantageux de conserver la jachère. Le résultat
principal qu'elle doit produire, c'est l'ameublissement du sol et la destruction des mauvaises herbes; or, malgré l'emploi des amendements
les plus actifs, il est difficile d'ameublir convenablement une terre très-tenace, si l'on ne fait
pas jachère. Pour la destruction des plantes nuisibles, comme le chiendent, une jachère complète est indispensable, et il ne serait pas suffisant d'avoir recours à une récolte sarclée seulement. Partout aussi où la population est peu
nombreuse et les exploitations étendues, la jachère sera utile.

Les sols, selon leur nature, demandent des
cultures à des époques différentes. Les uns s'a-
méublissent pendant l'hiver, comme, par exem-

ple, les argiles maigres; tandis que, dans cette saison, d'autres, comme les terres blanches, se retournent en longues bandes qui se tassent par l'effet des gelées et des pluies. A des terres pareilles, une jachère est nécessaire pour qu'on puisse donner les cultures aux époques convenables. Néanmoins, dans ces cas mêmes, il ne faut pas abuser de la jachère, en la faisant revenir tous les trois ans, comme ceci a lieu trop généralement. (*Bentz* et *Chrétien*, de Roville.)

CHAPITRE IV.

Animaux domestiques. — Soins qu'ils exigent. — Services qu'ils rendent. — Mauvais traitements dont ils sont l'objet.

Du gros bétail.

Le but, dans la tenue du bétail, est d'obtenir de l'ouvrage, ou d'avoir des animaux qui, en proportion de la nourriture consommée, prospèrent vite, augmentent rapidement en poids ou montrent de bonnes dispositions pour l'engraissement.

Il faut, premièrement, s'attacher à placer les animaux dans des locaux bien aérés, salubres et convenablement disposés.

Une précaution essentielle dans la construction des écuries de chevaux et des étables pour les bêtes bovines, c'est de donner à chaque bête l'espace suffisant pour qu'elle soit à son aise (un mètre cinquante centimètres à deux mètres de largeur) ; de laisser derrière les animaux assez d'espace pour rendre la circulation facile, et d'avoir une fosse à purin. La hauteur sera de trois mètre cinquante centimètres à quatre mètres au moins. Le sol de l'écurie sera en pavé, ou, mieux encore, en bois. Des ventilateurs pour renouveler l'air sont aussi d'une grande utilité ; mais les courants d'air étant très-nuisibles, on ne doit jamais placer les ouvertures qu'au dessus des animaux ou derrière eux.

La propreté est aussi un point essentiel pour les bestiaux. Nos cultivateurs, cependant, laissent bien à désirer sous ce rapport. Il faut étriller les chevaux deux fois par jour. Au lieu de distribuer la nourriture à des heures différentes et par quantités inégales, il est utile d'avoir pour cela des heures fixes, et de donner toujours des rations convenables. S'il s'agit de bêtes de trait, la ration doit être calculée d'après les travaux qu'elles ont à exécuter. Il faut aussi approprier la nourriture à l'âge de l'animal :

ainsi, les grains que l'on offre à un cheval qui
a perdu une partie de ses dents doivent être
concassés; autrement, ils ne lui profiteront pas.
On ne doit pas oublier de donner du sel aux
animaux, les avantages en sont incontestables :
le sel purifie le sang et stimule l'appétit. Les
bêtes bovines, surtout, le recherchent beaucoup.

Un bon cultivateur ne soumettra jamais ses
bestiaux à un travail excessif, et il ne souffrira
pas non plus qu'ils subissent de mauvais traitements (1).

Quand on a des bêtes malades, c'est à un
homme de l'art qu'il faut s'adresser, et non à
des charlatans, qui, le plus souvent, causent la
perte des animaux au lieu de les guérir. Le
jeune bétail doit être l'objet de soins assidus
et particuliers. Le choix des reproducteurs est
une condition importante de succès; il faut

(1) La loi du 2 juillet 1850 contient, à ce sujet, les dispositions suivantes :

Seront punis d'une amende de 5 à 15 fr., et pourront
l'être d'un à cinq jours de prison; ceux qui auront exercé
publiquement et abusivement de mauvais traitements
envers les animaux domestiques.

La peine de la prison sera toujours appliquée en cas de
récidive.

pour cela des animaux exempts de défauts. Pour les bêtes bovines, comme pour les chevaux, on emploiera plutôt un étalon bien formé que de grande taille; on ne doit faire saillir les génisses qu'à deux ans, n'employer les taureaux qu'à quinze ou dix-huit mois, et cesser de s'en servir à trois ou quatre ans.

Comme bête de trait ou de somme, le cheval est le plus précieux de tous les animaux, et, quoique son importance ait diminué depuis que les chemins de fer ont commencé à sillonner la France, il n'en est pas moins extrêmement intéressant.

Les chevaux pur sang ou arabes sont de superbes coursiers; mais ils sont peu propres à la culture. Parmi les races de l'Europe, on remarque celle de Mecklembourg, du Holstein, et l'anglaise. En France, nous estimons principalement la race percheronne (Normandie), la limousine, l'ardenaise, et la franc-comtoise; ces deux dernières sont surtout recherchées pour le roulage. Presque partout on s'applique à régénérer les races du pays par l'emploi de l'étalon percheron. Le croisement de l'ânesse avec le cheval donne naissance à un animal hybride que l'on appelle bardeau, et le croisement de l'âne avec la jument produit le mulet. Ces animaux, très-durs à la fatigue, sont principalement employés en Provence et dans tout le Midi.

On ne doit pas dépasser le mois de mai pour le saut, parce que le poulain naîtrait à une époque trop reculée. On se sert autant que possible d'animaux de même couleur, pour obtenir ce qu'on appelle des robes franches. La jument porte ordinairement onze mois et quelques jours; il faut la ménager un ou deux mois avant la mise bas, ne pas l'atteler à côté du timon, lui faire prendre de l'exercice, mais avoir bien soin de ne pas l'épouvanter. Si le part est laborieux, on doit faire venir un vétérinaire. Quinze jours après sa délivrance, la jument peut être remise à un léger travail. Le poulain est sevré à l'âge de quatre à cinq mois.

Quant à la nourriture des chevaux, voici ce qu'il est bon d'observer. Sans être prodigue d'avoine, il ne faut pourtant pas la ménager trop, surtout pour les jeunes poulains. A deux ou trois mois ils commencent à manger du foin; on leur donne d'abord par jour une ration d'un kilogramme d'avoine et de deux à trois kilogrammes et demi de foin. Cette ration s'augmente successivement. Pendant l'hiver,

les chevaux peuvent être nourris avec des pommes de terre et de bonne paille; cependant on
y ajoute presque toujours du foin. Les carottes
sont excellentes pour les chevaux, elles les ra-
fraîchissent ; ils recherchent moins les betteraves. La quantité d'avoine varie de six à vingt
litres par jour, selon que le cheval travaille plus
ou moins. Le foin se donne ordinairement dans
la proportion de huit à dix kilogrammes par
jour, accompagné de paille et de six à dix litres
de racines. Le regain est destiné aux veaux et
aux vaches. Pour les grains, il faut comparer
les prix, afin de savoir s'il y a plus d'avantage à
donner de l'avoine que de l'orge, ou du maïs
plutôt que du sarrasin. Dans certain pays où
les grains sont à très-bon compte, on donne
aussi du pain aux chevaux. Les chevaux font
trois repas : le matin, de trois à cinq heures ;
au milieu du jour, de onze heures à une heure,
et le soir à sept ou huit heures. Après chaque
repas et avant de donner l'avoine, on leur fait
boire de l'eau bien claire. Il y a des personnes
qui les font boire immédiatement après qu'ils
ont mangé l'avoine, mais c'est une pratique
dangereuse.

Les maladies auxquelles les chevaux sont

exposés sont celles de poitrine, la morve, la gourme, les coliques, la diarrhée, la courbature, les maladies d'yeux. Lorsqu'on achète des chevaux, ils peuvent avoir des défauts cachés, qui donnent à l'acheteur le droit de demander la nullité du marché; c'est ce qu'on appelle vices rédhibitoires. Voici ceux qui sont reconnus comme tels par la loi du 20 mai 1838 : *fluxion périodique des yeux et mal caduc (garantie, trente jours), morve, farcin, maladie de poitrine, immobilité, pousse, cornage chronique, le tic sans usure des dents, les hernies inguinales intermittentes, la boiterie intermittente pour cause de vieux mal* (garantie, neuf jours).

De l'Éducation des bêtes bovines et de leurs produits.

On peut considérer l'éducation des bêtes bovines sous les points de vue suivants : l'élève, la production du lait et du travail, enfin l'engraissement; et l'on peut diviser les races en catégories, dont chacune réponde à l'un de ces points. Les améliorations des espèces doivent être basées là-dessus.

Les races flamande, hollandaise et suisse

se distinguent par la production du lait ; les races du Cotentin (en Normandie) et du Charollais paraissent surtout propres à l'engraissement. Le Morvan fournit des bêtes excellentes pour le trait. Une nouvelle race, qui nous est venue depuis peu d'Angleterre, paraît appelée à remplacer toutes celles qui, jusqu'à présent, étaient préférées sous le rapport de l'aptitude à l'engraissement : c'est la race de Durham. Le principal avantage des animaux de cette espèce, c'est qu'ils peuvent s'engraisser à l'âge de quatre ans, tandis que les autres ne sont propres à l'engraissement que deux ans plus tard.

Une vache bonne laitière a ordinairement la peau lisse, la physionomie douce, de gros vaisseaux tordus de chaque côté du ventre, l'écusson bien marqué, le ventre un peu large à la partie inférieure, l'ossature mince, des mamelles grandes et molles.

Les animaux d'engrais ne doivent pas avoir l'air vif et peureux ; leurs marques distinctives sont une croupe large, un poitrail très-ouvert, une peau douce. Les vaches employées à la reproduction doivent avoir le thorax bien développé, et non le dos pointu comme celui d'un hareng.

Les signes distinctifs des bêtes de trait sont : une charpente osseuse et forte, un poitrail bien développé, les épaules larges, des pieds solides et conformés de manière qu'ils ne blessent pas l'animal dans sa marche.

Les vaches vêlent toute l'année, mais ordinairement en janvier et en février. Aussitôt que le veau est né, on le sépare de sa mère et on lui fait boire du lait écrémé, dans un baquet; on mêle de l'eau d'orge ou des œufs avec le lait. Dans le troisième mois, il commence à manger du foin ou du regain. Une vache porte environ deux cent quatre-vingt cinq jours. On doit couper les mâles pendant l'allaitement, et leur donner alors beaucoup de soins.

C'est une erreur de calculer les bénéfices à faire sur les vaches, d'après le nombre de têtes; deux vaches mal nourries coûteront plus qu'une seule qui l'est abondamment, et cependant elles ne donneront guère plus de lait ni de fumier, et elles perdront de leur valeur au lieu d'en augmenter. Aussitôt qu'une vache a un défaut bien reconnu, soit parce qu'elle est mauvaise laitière, soit parce qu'elle n'est pas propre à la reproduction, il faut se hâter de s'en défaire.

Quant à la nourriture des bêtes bovines, on

leur donne, outre le foin et le regain, de la
paille d'avoine ou d'orge. En général, les pailles
provenant des plantes printanières sont plus nutritives que les autres; celles de pois, de lentilles
et de vesces sont préférables à celles d'épeautre,
de froment et de seigle. Les racines peuvent former les trois quarts de la nourriture des vaches;
les pommes de terre, les topinambours, les
betteraves leur conviennent parfaitement. On
doit éviter de donner aux bêtes la nourriture
avec parcimonie; mais il ne faut pas non plus
la prodiguer, car la dépense ne serait pas com-
pensée par le produit. Pendant l'hiver, on peut
observer la proportion suivante : pommes de
terre, quinze à dix-huit kilogrammes; foin,
cinq kilogrammes; paille, quatre à cinq kilogrammes; le tout équivaudra à quatorze ou
quinze kilogrammes de foin.

L'abondance du lait dépend des races, de la
nourriture, de l'âge des bêtes, enfin de la température. Dans la plaine, on a ordinairement
plus de lait; dans les montagnes, on a plus de
bêtes d'engrais et de trait. Après son troisième
veau, une vache donne le meilleur lait, et à
l'âge de huit ou dix ans, il diminue en quantité
et en qualité, le lait trait le matin est plus ri-

che que celui du soir. Lorsqu'on trait, il ne faut rien laisser dans le pis. Si le lait n'est pas d'un beau blanc, cela dénote quelque maladie de la vache ou la mauvaise qualité des fourrages. Pour savoir si le lait est riche, on se sert d'un instrument appelé *lactomètre* et qui se divise en degrés.

Le bénéfice le plus sûr que puisse donner le lait s'obtient en le vendant en nature; mais, comme à une certaine distance des villes cela n'est guère possible, on en tire parti en le transformant en beurre et en fromage. Les fromages les plus renommés qui se consomment généralement en France, sont ceux de Neufchâtel en Normandie, de Gruyère en Suisse, et de Munster en Alsace, etc.

Pour faire du beurre, comme pour faire du fromage, on place le lait dans des vases plutôt plats que profonds; lorsque le liquide arrive à une température de dix à douze degrés en été, treize à quinze en hiver, la crême se sépare; en été, cela arrive ordinairement au bout de 40 à 48 heures. Pour avoir de bon beurre, on doit écrémer avant que le lait soit caillé; on bat ensuite, et si le beurre ne se forme pas on y ajoute un peu de sel. Il faut habituellement vingt-huit litres de lait ou cinq kilogrammes de crème pour faire un kilogramme de beurre.

On fait les fromages gras avec la crème et le caillé; pour les fromages maigres, on n'emploie que ce dernier. La présure dont on se sert pour former le caillé est faite avec l'estomac du veau.

Les maladies suivantes, chez les bêtes bovines, sont considérées comme vices rédhibitoires : l'*épilepsie* ou *mal caduc* (garantie, trente jours), la *phthisie pulmonaire*, les *suites de la non-délivrance*, le *renversement de l'utérus*.

Le typhus épidémique et la péripneumonie contagieuse sont les deux maladies les plus redoutables chez ces animaux. La péripneumonie à laquelle prédispose une mauvaise nourriture, est due principalement au passage subit du chaud au froid.

De l'engraissement des bêtes bovines.

Dans les localités où les fourrages sont abondants et à bon compte, et lorsque l'éloignement d'une ville ne permet pas de vendre le lait avec avantage, il sera bon d'engraisser les bêtes bovines et surtout les bœufs.

Il faut calculer le nombre de bêtes à engrais-

4*

ser d'après la quantité de fourrage dont on peut disposer, et ne jamais partager, par exemple, entre six ce qui ne suffit que pour cinq. Il a été démontré qu'un bœuf qui reçoit en tout sept kilogrammes et demi de nourriture par jour, ne paie pas le fourrage qu'il consomme, tandis que s'il en reçoit quinze, il paie les cinquante kilogrammes à raison de cinq francs quarante centimes. Il faut donc estimer sa provision de 2,000 à 2,500 kilogrammes pour un bœuf du poids de 6 à 700 kilogrammes dont l'engraissement doit durer cinq mois. Au reste, la provision de foin nécessaire dépend beaucoup de la quantité de racines que l'on possède; car, si l'on donne la moitié en rutabagas, en topinambours, en betteraves ou en pommes de terre, ce qui sera fort avantageux, il ne faudra plus qu'environ 7 à 8 kilogrammes de foin par jour, ou 1,000 à 1,200 kilogrammes pour cinq mois.

C'est ordinairement en hiver que l'on engraisse. Il faut alors soumettre les animaux à un régime progressif. Si dès le commencement on donnait des aliments trop nutritifs, on nuirait aux bêtes, car il faut d'abord qu'elles prennent ce que l'on peut appeler du lest. On commencera donc par les nourrir avec de bon foin et avec des racines crues, puis on leur donnera des pommes de terre cuites. Ensuite on leur fera manger, trempée d'un peu d'eau, de la farine de seigle, de sarrasin ou de maïs; on pourra mélanger ensemble ces deux dernières. Dans la Charente, on achève l'engraissement avec des tourteaux de noix.

Pour boisson, on leur présentera de l'eau dans laquelle on aura fait dissoudre des tourteaux de colza : souvent ils font difficulté pour boire ce liquide, mais il faut être aussi entêté qu'eux, et ne pas leur offrir d'autre breuvage. Nous avons vu un bœuf rester onze jours sans vouloir boire de ce mélange; il s'y décida enfin.

Des attelages.

L'entretien d'un cheval de taille ordinaire pendant une année peut être estimé à 350 fr.

La rente du prix d'achat, la diminution de valeur, les chances de mortalité peuvent encore s'évaluer à cent francs par an. Ainsi, deux chevaux seulement, nourris inutilement dans une exploitation, font éprouver au cultivateur une perte de neuf cents francs, somme très-considérable.

Il est plus avantageux de faire deux attelées
par jour qu'une seule; les animaux se fatiguent
moins, durent plus longtemps et cultivent une
étendue de terre plus considérable. Pour cela,
il faut nourrir les animaux à l'étable, méthode
très-utile sous bien des rapports. Si, au contraire, on envoie les animaux se procurer leur
nourriture au pâturage, on ne peut faire par
jour qu'une attelée de six à sept heures, tandis
qu'un cheval, durant la majeure partie du temps,
doit donner en deux fois dix à onze heures de
travail, car on peut l'atteler de cinq à onze heures le matin et de deux à sept après midi.

L'ordre que l'on apporte dans les travaux,
surtout au moment de la moisson et de la fenaison, influe beaucoup sur la quantité d'ouvrage que fournit un nombre déterminé d'ouvriers, et c'est dans cette circonstance aussi que
l'on peut le mieux apprécier l'importance des
voitures attelées de chevaux, elles peuvent se
succéder sans interruption et ne laissent par
conséquent pas d'intervalle entre les travaux.
A Roville, on évaluait à vingt centimes l'heure
de travail d'un cheval, celle d'un ouvrier à
quinze, et celle d'un bœuf à douze. Les circonstances de localité, le prix du fourrage, etc.,
doivent modifier cette estimation.

Quant au choix que doit faire le cultivateur relativement aux animaux de trait, il est fort difficile de se prononcer à cet égard, et généralement il conviendra de suivre dans le principe l'habitude de la localité; plus tard, on essaiera les modifications que la pratique aura fait reconnaître avantageuses. Ainsi, les faits peuvent démontrer qu'il y a économie à se servir de bœufs ou de vaches pour certains travaux, comme les labours et les menues cultures; mais il sera toujours plus utile de se servir de chevaux pour les grands travaux de la moisson et de la fenaison, parce que dans ces cas, il faut surtout de la célérité, qualité que l'on ne trouve pas chez les bœufs. On a calculé que deux bons bœufs ne fournissent tout au plus que trois quarts de travail de deux bons chevaux. On conçoit par là que, dans l'espace de quelques années, un cheval, par le surcroît de son travail, fait bien récupérer au cultivateur le prix qu'il retire de la vente, peut-être un peu plus avantageuse, d'un bœuf dont il s'est servi comme bête de trait.

Dans la culture des terres argileuses très-tenaces, c'est une excellente méthode de mettre les chevaux dans la raie et en ligne; autrement, la terre se trouve trop battue, et le tirage lui-même est augmenté. Dans la pratique, on compte généralement que quatre chevaux mis en ligne ont la force de cinq attelés autrement.

Le bœuf et le mulet sont vindicatifs ; quelquefois ils se vengent d'une manière terrible de celui qui les a injustement maltraités, au moment où il s'y attend le moins. Aussi, vaut-il mieux, sous tous les rapports, employer la douceur envers tous les animaux domestiques, qui nous rendent tant de services. En voyant certains cultivateurs accabler de coups leurs attelages, on est saisi d'indignation, d'autant plus que si les pauvres bêtes sont quelquefois arrêtées ou trouvent des obstacles qu'elles ne peuvent vaincre, c'est ordinairement de la faute de celui qui les dirige. Sous le rapport hygiénique, on les soigne souvent fort mal ; au lieu de les bouchonner et de les préserver d'un refroidissement lorsqu'elles ont chaud, on les envoie boire, ou on les expose à un vent frais en les mettant dans des pâturages dont l'herbe est froide et humide.

(*Bentz* et *Chrétien*, de Roville.(

Du Mouton.

Le mouton est un animal domestique de la
famille des ruminants. Les cultivateurs désignent souvent ces animaux sous le nom de bêtes
à laine, ou bêtes blanches, et les vétérinaires
sous celui de bêtes ovines.

Le mâle adulte se nomme bélier; la femelle
adulte, brebis. On appelle antenois ou antenoise
l'animal qui est dans sa deuxième année; agneau
ou agnelle, celui qui n'est pas encore entré dans
sa seconde année; mouton ou moutonne, le
mâle ou la femelle auxquels on a ôté la faculté
de se reproduire.

De la Bergerie.

La bergerie est le bâtiment destiné à protéger
les bêtes ovines contre l'intempérie des saisons :
elle doit être assez vaste pour contenir à l'aise
les animaux que l'on veut y renfermer, assez
aérée pour que la chaleur ne s'y maintienne
point à un degré trop élevé, et convenablement
ventilée pour que les gaz méphitiques ne puissent jamais y séjourner; enfin, elle doit être
meublée de râteliers et d'auges propres à rece-

voir la nourriture du troupeau dans les mauvais jours.

Régime ordinaire des Moutons.

Le pâturage est indubitablement le régime le plus convenable pour les bêtes ovines. Le propriétaire d'un troupeau trouvera presque toujours du bénéfice à procurer à ses moutons un parcours abondant pendant toutes les saisons de l'année. Pour atteindre à ce but, on doit employer tous les moyens indiqués par la science agricole ; il faut créer des prairies qui se succèdent sans interruption, qui bravent les froids de l'hiver et les chaleurs du solstice d'été. C'est une entreprise difficile, mais non impossible.

On sait qu'un mouton de taille moyenne mange par jour environ quatre kilogrammes d'herbe fraîche de prairie naturelle ; cette herbe, quand elle est fanée, se réduit à un kilogramme de foin, dont se contente également le même mouton nourri au sec.

À l'approche de l'hiver, le parcours devient plus difficile ; les prairies naturelles et artificielles s'épuisent, les terres vagues ne produisent plus d'herbe : c'est alors qu'un supplément de nourriture doit être distribué à l'étable. Les pailles et les fourrages secs font la base ordinaire de cette nourriture; chaque mouton devra en recevoir au moins un kilogramme par jour.

On peut se créer une grande ressource dans cette saison en cultivant quelques pièces de pimprenelle, où les moutons trouvent toujours à paître, puisque ni les froids ni la neige ne suspendent la végétation de cette plante. Il est aussi quelques cultivateurs qui entretiennent une certaine quantité de choux-cavaliers pour en distribuer les feuilles aux brebis, afin qu'elles aient plus de lait.

Celui qui élève des bêtes à laine commettrait une grande faute si pendant la mauvaise saison il n'avait point à sa disposition une quantité suffisante de navets, de pommes de terre, de betteraves, de carottes, de topinambours, pour tempérer au moins l'action échauffante de la nourriture sèche.

Des Races de Moutons.

Nous ne décrirons pas ici les innombrables races de moutons; elles se réduisent toutes à deux genres bien distincts : 1° moutons à laine frisée; 2° moutons à laine lisse.

Les premiers ont une taille moyenne, une toison tassée, à mèches très-ondulées, à brins très-fins; leur hygiène exige des pâturages bien sains; les contrées humides leur sont fatales; ils n'utiliseraient pas convenablement de gras pâturages.

Les seconds ont une toison non tassée, à mèches longues, pendantes, pointues, dont le brin, généralement grossier, peut devenir très-fin dans des variétés perfectionnées; ils arrivent à une taille élevée; ils sont essentiellement propres à la boucherie; ils supportent très-bien l'humidité constante de certains climats, et ne peuvent prospérer sans une nourriture très-abondante.

Du Mérinos.

Pendant plusieurs siècles, l'Espagne posséda seule cette belle race de moutons fins, connus sous le nom de mérinos; elle en prohibait sévèrement l'exportation; cependant, en 1723 la Suède, en 1765 la Saxe, en obtinrent un troupeau; la France n'eut la même faveur que vingt ans plus tard.

Cette espèce de moutons est moins vive, moins précoce, plus lente à se développer, et d'une charpente osseuse plus forte que nos espèces communes; mais c'est surtout par la toison qu'elle se distingue; sa laine réunit toutes les bonnes qualités.

Dans l'état actuel de l'agriculture française, le mérinos peut être considéré comme l'espèce la plus productive des bêtes à laine; il demande aussi plus de soins, sa direction exige plus d'habileté.

De la Gestation.

Les soins que demande la brebis pendant la gestation ont tous pour but d'amener à bon terme un agneau en bon état, et de préparer la mère à l'allaitement qui sera nécessaire pour élever son petit; on doit éloigner tous les accidents qui lui causeraient une émotion un peu vive.

Le berger doit donc redoubler de douceur dans la conduite du troupeau; il marchera lentement, ne laissant aucune bête éloignée, afin qu'elle ne coure pas avec rapidité pour rejoindre les autres; il modérera l'ardeur de ses chiens, les empêchant de mordre ou même de poursuivre aucune brebis avec acharnement.

A mesure que l'époque du part approche, la

nourriture des mères doit devenir l'objet d'une attention spéciale : la qualité doit en être bonne; la quantité ne peut être trop forte ou trop faible sans exposer à des suites fâcheuses. Une nourriture trop abondante, en augmentant excessivement la graisse et la masse du sang, tend à déterminer le décollement du placenta, et à occasionner une hémorrhagie suivie infailliblement de l'avortement.

D'un autre côté, il n'y a pas moins de raisons pour éviter la parcimonie, qui préside bien souvent à l'entretien des troupeaux : un éleveur doit se dire sans cesse que les brebis, après le rut, ont besoin de réparer leurs forces et de fournir à l'accroissement de leur fœtus; et, s'il se refusait à satisfaire leurs besoins, il agirait certainement contre ses intérêts.

Des moutons à longue laine lisse.

C'est en Angleterre que l'on trouve les variétés les plus perfectionnées de cette race que nous avons désignée sous le nom de moutons à laine lisse. Les moutons que nous possédons en France, dans le Nord et dans l'Ouest, sont bien inférieurs à ceux de l'Angleterre sous le rapport de la toison et de la forme du corps.

Les races anglaises à laine longue lisse sont très-variées. Les comtés de Durham, d'York, de Lincoln, de Leicester, en fournissent plusieurs. On en trouve d'énormes dans le Lincolshire et le Yorkshire. C'est dans le comté de Leicester que Backwell a créé la race qui porte son nom, ou plutôt, celui de sa ferme, appelée Dishleygrange.

Dans la formation de cette race, cet habile éleveur s'est attaché, avant tout, à créer des animaux qui devinssent le plus gras possible; la laine n'a été pour lui, comme pour beaucoup d'Anglais, qu'un produit secondaire; on a cherché le contraire dans les améliorations qui se sont faites en France sur la race mérinos.

La graisse se forme dans les moutons Dishley à un âge beaucoup moins avancé que dans nos races; des bêtes de quinze mois peuvent avoir acquis tout leur embonpoint et être tellement chargées de graisse, qu'elles seraient difficilement mangeables en France, et qu'en Angleterre même on leur reproche de l'excès d'obésité.

Du Porc ou Cochon.

Du sanglier sont sorties des races plus ou moins éloignées du type sauvage. Parmentier,

5

qui s'est beaucoup occupé de l'éducation des cochons., en distingue trois races principales pour la France.

La première, celle de la vallée d'Auge, se rencontre en Normandie dans toute sa pureté. La deuxième est connue sous le nom de cochon blanc du Poitou. La troisième race est celle du Périgord.

Du mélange de ces races sont nées des variétés sans nombre, qu'il serait beaucoup trop long de décrire ici. Nous nous bornerons à dire sur cet animal ce que nous savons de plus intéressant.

Le cochon est du genre des mammifères et de l'ordre des pachydermes.

Le mâle se nomme verrat; la femelle se nomme truie; les jeunes s'appellent porcelets ou gorets. Le nom de porc, de cochon, s'applique habituellement à l'animal mâle ou femelle auquel on a ôté la faculté de se reproduire.

De tous nos animaux domestiques, le porc est le plus fécond, le plus facile à élever, à nourrir, à acclimater; la Providence en a répandu les races diverses sur presque toutes les contrées du globe; toutes les substances animales ou végétales sont pour le porc des aliments;

il supporte la domesticité la plus étroite, et sait pourvoir lui-même à sa subsistance quand on la lui laisse chercher : deux qualités bien précieuses qui ne se rencontrent dans aucun autre animal.

Libre ou retenu en captivité, il offre à son maître un produit assuré; sa chair peut figurer avec honneur sur toutes les tables; elle sert à la préparation des charcuteries les plus délicates et les plus recherchées ; sa graisse est pour les légumes du pauvre un assaisonnement inappréciable; son sang, ses entrailles, tout son corps, en un mot, est utilisé pour la nourriture de l'homme.

Sa voracité, qu'on lui reproche quelquefois, est, au contraire, un moyen admirable que nous a fourni la nature pour transformer en substance utile toutes les matières dont refusent de se nourrir nos autres animaux domestiques.

Il est aujourd'hui certain que les races à jambes courtes, à reins larges, aux membres ramassés, connues sous le nom de porcs anglochinois, provenant du croisement de l'espèce européenne avec celle de la mer du Sud, s'engraissent plus vite, avec moins de nourriture, et qu'au moment de l'abattage le déchet est moin-

dre que dans aucune de nos variétés d'Europe.
En d'autres termes, il est démontré qu'une
livre de viande de porc anglo-chinois coûte
moins cher à produire qu'une livre de viande
de cochon de toute autre espèce.

Il serait donc sage d'abandonner nos variétés
françaises, ou, de donner à celles-ci les qualités
dont elles sont privées, en les alliant avec des
cochons chinois. Bien entendu, toutefois, que ce
conseil s'adresse à ceux qui engraissent, et non
à ceux qui élèvent pour vendre sur les foires
ou marchés, car ceux-ci doivent se conformer
au goût de ceux qui achètent; la meilleure race
pour eux est celle dont ils trouvent le mieux
à se défaire, quels qu'en soient, du reste, les
défauts.

Ces animaux peuvent être engraissés avant
le sevrage, pour être vendus comme cochons
de lait; après le sevrage, pour produire du petit
salé; plus tard, quand on veut obtenir beaucoup
de chair et de lard.

De la Porcherie.

L'erreur la plus préjudiciable à l'éducation
du cochon est de croire que cet animal se plaît

dans les ordures, et de n'accorder, en conséquence, aucune attention à la propreté du toit
qui doit l'abriter. Il est, au contraire, le seul de
tous les bestiaux qui ne dépose jamais volon-
tairement ses excréments sur la litière où il
repose : le mouton, le bœuf, le cheval satisfont
leurs besoins où ils se trouvent ; le porc, au
contraire, quand il est libre dans sa loge, choisit toujours la place la plus isolée, et quand on
essaie de l'attacher il se recule autant que sa
longe le permet. Des expériences ont démontré
qu'il engraisse beaucoup plus rapidement dans
une étable nettoyée avec soin que lorsqu'on
laisse longtemps séjourner la même litière sans
la renouveler.

La disposition de la porcherie sera donc telle,
que l'on puisse facilement entretenir la propreté dans chaque loge. Quand on élève peu de
porcs dans une ferme, deux ou trois loges suffisent ; mais si l'on s'adonne à leur éducation en
grand, il est très-convenable d'avoir un grand
nombre de loges réunies dans une cour particulière, et encore mieux de consacrer plusieurs
petites cours aux différentes classes de porcs,
de façon qu'il soit possible de tenir à part principalement les truies pleines et les porcs à l'en-

grais. Chacune de ces cours devrait, pour être parfaite, se trouver à l'abri des vents très-froids, être garnie de quelques arbres, et pourvue d'un bassin rempli d'eau, afin que les animaux pussent se mettre à l'ombre en plein air, se laver et se frotter toutes les fois qu'ils en sentiraient le besoin.

CHAPITRE V.

Principaux Instruments aratoires. — Leur Emploi. — Leur Utilité. — Voirie. — Avantages des voies de communication.

En réalité, le mobilier aratoire vraiment utile ne comprend qu'un fort petit nombre d'instruments : une bonne charrue, une herse et un rouleau suffisent pour faire une excellente agriculture, et la plupart des cultivateurs ne peuvent point en avoir d'autres; cependant nous parlerons aussi de la houe à cheval, dont quelques propriétaires font le plus grand cas.

Des Charrues.

Les charrues les plus simples se composent de diverses parties que nous devons étudier d'abord séparément, afin d'en connaître l'usage, et, autant que possible, les conditions les plus nécessaires à la bonne construction de ces parties, qui sont le soc, le coutre, le sep, le versoir, l'age ou la haye, le régulateur et le manche.

Le Soc. — Le soc est la partie de la charrue qui détache la bande de terre concurremment avec le coutre, et la soulève en avant du versoir. En ne considérant que les socs dont l'usage est le plus général, on peut les ranger en deux divisions : les uns ayant la forme d'un fer de lance ou d'un triangle isocèle plus ou moins allongé, également tranchants des deux côtés; les autres à une seule aile, ne coupant que d'un côté, et ne formant qu'une moitié de ceux dont nous venons de parler. Les premiers sont indispensables pour les charrues à double versoir ou à tourne oreille; les seconds s'appliquent aux charrues à versoir fixe.

Le soc se compose de deux parties fort distinctes : l'aile ou les ailes, dont la destination est de trancher la terre, et la souche, qui n'a d'autre but que d'unir cette partie essentielle à la charrue, et de commencer pour ainsi dire la courbure du versoir.

Le Coutre. — En avant du soc, pour régulariser et en faciliter l'action, se trouve le coutre, espèce de couteau destiné à trancher la terre verticalement ou à peu près verticalement, et, dans les charrues à versoir fixe, à séparer la bande, sur le côté opposé à ce versoir, du sol non encore labouré.

La forme des coutres varie : tantôt ils sont droits, tantôt recourbés en arrière comme les tranche-gazons; le plus souvent ils se recourbent légèrement en avant, à la manière des faucilles.

Le Sep. — Le sep est cette portion de charrue qui reçoit le soc à sa partie antérieure, et, assez communément, l'origine du manche à sa partie postérieure. Il glisse au fond du sillon, de manière à s'appuyer sur la terre non labourée, du côté opposé au versoir. Tantôt il ne fait qu'un avec la gorge, qui le prolonge et l'unit à l'age; tantôt il est fixé à cette dernière pièce par un plateau ou par deux étançons ou montants.

Il faut avoir soin de le bien polir; de le faire en bois dur, tel que le hêtre, le chêne, etc.; de le garnir de bandes de fer en dessous, ou même de le construire en entier en fer forgé ou en fonte nerveuse.

Le Versoir. — Ce n'était pas assez de déta-

cher la bande de terre du fond du sillon ; pour
atteindre toutes les conditions d'un bon labour,
il fallait encore la soulever, la déplacer et la retourner de côté dans la raie précédemment ouverte. Telle est la destination du versoir.

Les versoirs affectent deux formes principales
qui se modifient, on peut dire à l'infini, dans
leurs proportions et leurs détails. Ils sont à sur-
faces planes ou diversement contournés.

Planes, ils sont ordinairement faits d'une
planche plus ou moins large, plus ou moins
mince, clouée ou accrochée au côté droit du
sep près du soc, et tenue à distance de ce même
sep, à sa partie postérieure, par un ou deux
bras. Dans cette position, ils repoussent la bande
de terre, et la retournent même tant bien que
mal lorsqu'elle offre une certaine consistance, et
qu'ils ont une longueur et une obliquité convenables. Mais, dans la plupart des circonstances,
ils donnent des résultats fort imparfaits, et, par
surcroît d'inconvénients, le poids et le frotte-
ment de la terre, dont ils ne sont débarrassés
que lorsqu'elle en a dépassé l'extrémité, augmentent considérablement la résistance au tirage.

Naguère, les versoirs de la plupart de nos

charrues avaient cette forme vicieuse. Beaucoup l'ont même conservée; néanmoins, depuis un certain nombre d'années les versoirs contournés se sont multipliés en France d'une manière remarquable. Tous les cultivateurs qui connaissent le prix et les conditions d'un bon labour les ont adoptés.

Le versoir doit être combiné de manière à retourner la bande de terre obliquement plutôt qu'à plat. Cette inclinaison est précisément celle qui, au moyen des espaces restés vides entre chaque tranche, opère l'ameublissement du sol de la manière la plus parfaite; car l'air est ainsi, en quelque sorte, renfermé dans la terre et entre en contact, même avec la partie inférieure du sol. Ces espaces servent aussi à conserver l'eau que les pluies ont amassée dans la terre, et, lorsque cette humidité s'est évaporée par la chaleur, le sol s'ameublit encore davantage.

De l'age. — L'age est destiné à recevoir et à transmettre le mouvement de progression à la machine entière. Assez souvent il est assujetti sur le devant de la charrue par le *montant* ou la *gorge,* à l'extrémité inférieure de laquelle s'unissent le sep et le soc, et sur le derrière par le manche gauche. D'autres fois il est supporté par deux étançons, l'un antérieur et l'autre postérieur. Il est évident que l'union de ces parties doit se faire de manière que, quand les traits sont convenablement fixés, la charrue marche parallèlement à la surface du sol, et pour cela il faut que l'age ne soit ni trop relevé ni trop abaissé sur le devant.

Dans les charrues à avant-train, on peut obtenir l'entrure voulue, soit en élevant ou en abaissant l'age sur son point d'appui.

Le régulateur, ainsi qu'il l'indique par son nom, sert à régler l'entrure de la charrue, et, étant perfectionné, à modifier la largeur de la raie ouverte par le soc.

Pour les charrues à avant-train, tout ce qui contribue à abaisser la haye sur son appui, à rapprocher ce point ou à l'éloigner du corps de la charrue, ou, enfin, à modifier la direction du tirage, doit être considéré comme régulateur. Parfois c'est une simple broche qui maintient l'anneau où s'attache la chaîne, et qui peut la fixer plus ou moins haut sur l'age au moyen de trous pratiqués de proche en proche pour la recevoir; d'autres fois ce sont des rondelles qui s'interposent, en plus ou moins grand nombre, entre ladite broche et le point de tirage.

Du manche et des mancherons. — Dans une charrue bien combinée et bien construite, non-seulement un manche unique peut suffire, mais, ainsi que l'a démontré M. Grangé, il n'est vraiment indispensable que lorsque quelque obstacle, en soulevant ou en écartant le soc, a pu le faire dévier de sa direction première.

Diverses charrues n'ont qu'un manche, sur lequel le laboureur pose la main gauche, se réservant ainsi la droite pour diriger et activer les animaux de trait. Parfois, près de l'extrémité de ce manche, on adapte un petit mancheron, comme dans la charrue de Brabant. Le plus souvent le manche se compose de deux mancherons : l'un de gauche, qui s'élève obliquement dans la ligne de l'age; l'autre de droite, qui s'en écarte plus ou moins de ce côté. On ne peut se dissimuler que ce dernier ne serve beaucoup, dans les cas difficiles, pour la direction de l'instrument. Ordinairement le manche simple ou composé de deux mancherons est placé à l'extrémité postérieure de la charrue.

Tandis que dans un grand nombre de contrées, on ne croit pas pouvoir labourer la terre avec une charrue sans avant-train, dans d'autres on considère cette pièce comme inutile;

nuisible même. Néanmoins, et nous devons le
reconnaître, sans l'avant-train, il est extrêmement difficile de donner avec quelque régularité les labours peu profonds d'écobuage et
ceux pour déchaumer, ainsi que d'obtenir un
bon travail dans les sols tenaces lorsqu'on les
attaque un peu humides, parce que la terre qui
s'attache sous le sep et aux diverses parties de
l'instrument tend constamment à le jeter hors
de la raie. Cette dernière circonstance, surtout,
mérite attention : seule, elle serait de nature à
empêcher de proscrire l'avant-train d'une manière absolue.

Donner une description de toutes les charrues des divers départements de la France, ce
serait entreprendre un travail plus curieux
qu'utile, et beaucoup trop vaste pour un ouvrage
de la nature de celui-ci. Nous nous bornerons
donc à citer celles dont l'usage est le plus répandu. C'est ainsi que, remontant d'abord aux
charrues déjà anciennes qui ont, à juste titre,
conservé leur réputation au milieu d'innova-
tions récentes, nous citerons la charrue *Guil-
laume*, celle de *Brie perfectionnée*, la charrue
Champenoise; que, passant ensuite aux charrues plus modernes, nous ferons connaître celles
de MM. Mathieu de Dombasle, Pluchet et Grangé.

Herse. — Il y a deux espèces de herses, les *légères* et les *pesantes*. Les légères sont le plus souvent à dents de bois, les pesantes sont à dents de fer. Les premières suffisent aux travaux des terres sablonneuses ou peu compactes; les autres sont indispensables sur les sols argileux et tenaces.

Les dents de herse sont ou quadrangulaires, ou triangulaires; dans les herses modernes les plus perfectionnées, elles ont la forme de coutres; cette disposition présente, entre autres avantages, celui de permettre de faire des hersages profonds ou des hersages légers, selon que l'on attache les traits de manière que les dents, lorsque l'instrument marche, aient le tranchant en avant ou dans le sens contraire.

Trop communément on place les dents à peu près au hasard sur les châssis qui les supportent; cependant, en théorie, il faut non-seulement que chacune fasse sa raie particulière, et que cette raie ne soit pas parcourue par une autre dent, mais encore que toutes les raies soient équidistantes entre elles.

Les dimensions et la forme des herses varient nécessairement selon leur destination : sur les terrains labourés à plat, elles peuvent être plus ou moins grandes, selon les circonstances; on les construit tantôt en triangle, tantôt en carré.

Dans les localités où on laboure en billons et où l'on ne herse conséquemment qu'en long, on divise les herses en deux parties assez souvent concaves, qu'on réunit l'une à l'autre par le moyen d'anneaux ou de toute autre manière.

La manière d'atteler les chevaux à la herse n'est pas indifférente; car, lorsque le tirage se fait par une chaîne simple, la marche de l'instrument devient très-irrégulière par l'effet des balancements causés par les mottes ou par l'inclinaison du terrain. C'est pour remédier à cet inconvénient que le crochet se fixe à l'un des anneaux de la chaîne, non pas au milieu, mais à droite, afin que la herse marche de biais. On reconnaît que la herse fonctionne bien, lorsque les deux pièces de bois placées diagonalement sur les timons cheminent sensiblement à l'œil parallèlement à la ligne de direction de l'instrument, et non obliquement. Ces deux pièces servent aussi à soutenir la herse, que l'on renverse sur le dos lorsqu'on la conduit aux champs.

Pour obtenir le plus fort degré d'entrure, on tourne la herse de manière que les dents marchent la pointe en avant, et l'on attache les deux extrémités de la chaîne aux trous supérieurs des pitons. Si, au contraire, on attache les bouts de la chaîne à la partie inférieure des pitons, la herse pénètre moins dans la terre.

(*Bailly de Merlieux.*)

Rouleau. — On connaît peu, dans certaines contrées, l'usage du rouleau; c'est pourtant un instrument d'une admirable efficacité pour opérer l'ameublissement et le nettoiement du sol, surtout quand on cultive des terres fortes. Qu'une pièce de cette nature, après avoir été labourée, vienne à être saisie un jour seulement ou même quelques heures par un soleil ardent, elle sera prise en grosses mottes, dont la dureté approchera bientôt de celle de la pierre, et que les herses les plus lourdes ne sauraient entamer; il serait inutile désormais, jusqu'à ce qu'il vienne à pleuvoir, d'essayer de donner à ce terrain une culture quelconque; on n'y peut rien faire. Ce défaut des terres fortes et cet inconvénient de la sécheresse sont fort graves; mais il y a un moyen facile d'y parer. Ce moyen consiste, à mesure que la terre se laboure, à y faire passer un pesant rouleau, auquel on fait succéder immédiatement la herse. Cette triple façon ameublit complètement le sol, et dès-lors il restera divisé et susceptible d'être labouré de nouveau, ou ensemencé quand on voudra, quelles que soient la chaleur et la sécheresse qui succèdent, et quelle qu'en soit la durée. Mais, je le répète, pour que ce résultat soit sûrement obtenu, il faut que la charrue, le rouleau et la herse se suivent de près; il faut que le terrain labouré soit roulé et hersé sans le moindre retard.

Le rouleau que j'emploie a un mètre de long et cinquante à soixante centimètres de diamètre. Pour rouler une planche de deux à trois mètres de large, il est conduit sur l'un des côtés, revient sur l'autre, et passe enfin sur le milieu. Les côtés des planches restent ainsi suffisamment évidés pour s'égoutter.

Houe à cheval. — Il y a longtemps que l'agriculture anglaise se sert avec succès, pour opérer les binages, d'instruments conduits par des chevaux; nous devons cependant avertir nos lecteurs qu'il est un certain nombre de plantes pour la première façon desquelles on ne peut utiliser la houe à cheval. L'action de cet instrument est tellement rapide, que l'homme qui le dirige n'aurait pas le temps de le guider justement entre chaque rangée de plantes, si celles-ci, par la verdure de leurs feuilles, ne tranchaient pas avec la couleur du sol; cet inconvénient se rencontre souvent dans le premier binage; mais, passé cette époque, la houe à cheval peut toujours être employée. Celle qui est le plus généralement usitée aujourd'hui pour les plantes semées en ligne espacées d'au moins 50 cent., est assez simple dans sa construction. Un soc est placé à l'extrémité antérieure de la branche médiane, et à celle-ci sont attachées deux ailes ou branches latérales qui reçoivent des couteaux ou des dents de fer recourbées. Les deux ailes s'éloignent ou se rapprochent à volonté, selon que l'exige l'espace qui existe entre les rangées de plantes; elles ont un mouvement de va-et-vient sur leur pivot, à la partie antérieure, et se fixent, immobiles à la partie postérieure par le moyen d'une traverse horizontale en fer, qui est percée de trous correspondant à ceux qui se trouvent pratiqués dans les branches latérales, et destinés les uns et les autres à recevoir une cheville pour maintenir l'assemblage.

On n'attèle qu'un cheval à la houe. Dans les commencements, lorsque l'animal n'est pas familiarisé avec cette opération par l'habitude et l'exercice, il faut un enfant pour le guider; mais bientôt il comprend la manœuvre, et un seul homme suffit alors.

On aura soin de disposer l'instrument de manière qu'il ait une légère tendance à pénétrer dans le sol.

Si quelquefois la houe est entravée dans sa marche par l'accumulation des herbes qui se sont attachées à ses couteaux, le conducteur enlève le train antérieur en s'appuyant sur les mancherons, et le laisse retomber vivement : la secousse détache les herbages qui se trouvent en avant; il soulève également le train postérieur au moyen des mancherons, et la même manœuvre débarrasse complètement l'instrument. Ces deux mouvements n'exigent nullement que l'on s'arrête. Ils sont d'autant plus efficaces qu'ils sont plus instantanés.

Il est rare qu'un seul coup de houe à cheval suffise pour amener la terre à un état suffisant d'ameublissement; on approfondit graduellement le binage, en passant autant de fois que cela est nécessaire.

Voirie.

La loi du 21 mai 1836, concernant les chemins vicinaux, est assurément une des plus utiles

de celles que contiennent nos Codes, quand on
songe qu'il y a 25 ans, à cause du mauvais état
des voies publiques, dans certaines parties de
la France, en Bresse, par exemple, on mettait
en hiver deux jours pour faire 28 kilomètres! On
était alors obligé de voyager, comme autrefois
les rois fainéants, sur des chars traînés par des
bœufs, parce que les chevaux, n'ayant point le
pied bifurqué, comme les animaux de la race
bovine, enfonçaient plus facilement dans la boue
et finissaient par y rester.

Combien d'améliorations et de bien-être en
tout genre ont été la conséquence de cette loi,
surtout pour les populations rurales! Et pourtant de quelles malédictions n'ont pas été as-
saillis les entrepreneurs des premiers chemins
de grande communication, par ces mêmes cultivateurs qui apprécient aujourd'hui toute l'utilité de bonnes voies publiques! Une des plus
grandes calamités qui puissent affliger une
contrée, c'est d'être traversée par de mauvais
chemins.

Les bonnes routes sont de la plus grande utilité aux populations au milieu desquelles elles
se trouvent; elles servent aux cultivateurs à me-
ner vendre au loin leurs denrées, et à transpor-

ter les engrais dans leurs champs à l'époque plu-
vieuse des semailles; elles rapprochent considérablement les distances. Enfin, elles attirent un
plus grand nombre de voyageurs dans les lieux
où elles ont été construites, ce qui est toujours
fort avantageux pour un pays.

Les articles les plus importants de la loi du
21 mai 1836 sont ceux qui correspondent aux
numéros 3, 4, 5 et 8.

Les voies de communication par terre peuvent être divisées ainsi qu'il suit :

1° Les grandes routes ou routes impériales,
les départementales, les stratégiques, par exemple en Vendée, établies et entretenues aux frais
de l'État ou des départements, et placées dans
les dépendances du domaine public;

2° Les chemins vicinaux de grande communication;

3° Ceux de moyenne communication;

4° Les chemins vicinaux ordinaires classés
comme tels;

5° Les chemins ruraux aussi classés;

6° Enfin, les chemins d'exploitation qui ont
un caractère privé, et qui, en général, ont été
établis sur certains fonds pour l'utilité, l'agrément ou l'exploitation d'héritages possédés par

d'autres maîtres, ou pour la desserte commune de fonds situés dans la même partie de territoire.

Les deux dernières sortes de voies de communication que nous venons de désigner ne sont aujourd'hui régies que par les principes généraux du droit civil, sur l'application desquels il a été rendu un assez grand nombre de décisions, la plupart contradictoires, de la Cour de cassation et du Conseil d'état.

Les chemins vicinaux ordinaires sont ceux qui ne servent, en général, qu'aux habitants d'une seule commune, pour se rendre à une grande route, à une rivière, à un hameau.

Ceux de moyenne communication sont ceux qui conduisent d'un clocher à un autre, c'est-à-dire qui servent en même temps aux habitants de deux ou de plusieurs communes.

Enfin, les chemins de grande communication sont ceux qui, en aboutissant à des villes, à des chefs-lieux de cantons, desservent dans leur passage un assez grand nombre de communes. La loi que nous avons déjà citée plusieurs fois détermine par quels moyens les chemins vicinaux dont nous venons de parler seront créés et entretenus.

La pierre, le silex ou caillou, et le gravier, sont les éléments nécessaires pour faire des routes; malheureusement, ces matériaux manquent dans plusieurs contrées. Dans cette fâcheuse situation, on peut néanmoins parvenir à faire des chemins vicinaux ordinaires d'un bon usage pour les voitures, sans y mettre de pierre; mais il faut, pour cela, que ces chemins soient exécutés suivant les procédés et avec les précautions nécessaires pour les préserver entièrement de la stagnation des eaux, et qu'on les entretienne convenablement. Cet entretien est facile et peu dispendieux, car il suffit : 1° de tenir en bon état les rigoles, fossés ou puisards où ils s'égouttent; 2° de maintenir la régularité du bombement, en rechargeant avec de la terre dure les endroits qui s'affaissent; 3° et de rouler de temps en temps, pour raffermir le sol après les pluies et pour effacer les ornières à mesure qu'elles deviennent un peu profondes.

Assurément, il n'est pas en France de commune qui ne puisse, par ces moyens économiques, améliorer en peu de temps ses chemins et les rendre faciles à parcourir, en attendant qu'on puisse y faire des chaussées.

CHAPITRE VI.

De l'Horticulture.

—

Défonçage, Labour, Binage, Semis, Semis sur couches
et sur Adós.

Défonçage.

En terme de jardinage, le mot *défoncer* signifie creuser jusqu'à 70 centimètres ou 1 mètre de profondeur le terrain, soit pour placer du fumier dans le fond, soit pour remplir le vide avec de la terre nouvelle, soit enfin pour que cette masse de terre soit bien remuée et bien mêlée, et que la partie de dessous se trouve dessus. Dans ce but on ouvre une tranchée à laquelle on donne ordinairement 70 centimètres de profondeur, et l'on en transporte la terre à l'autre extrémité de la pièce à défoncer. Les ouvriers, en avançant toujours, comblent la tranchée qu'ils ont derrière eux en en ouvrant de nouvelles, jusqu'à ce qu'ils soient arrivés au terme; comme il s'y trouve nécessairement un vide, ils le remplissent avec la terre qu'ils ont transportée de ce côté en commençant cet ouvrage.

Labour.

C'est l'action de remuer la terre avec la charrue, avec la bêche, avec la houe, ou enfin avec un instrument quelconque. Quoique tout travail qui remue la terre soit un vrai labour, cependant on entend plus communément par ce mot le travail en grand fait avec la charrue.

Le premier but du labourage est de soulever une couche de terre, d'en amener les parties inférieures à la surface du sol, et de retourner en dessous celles de la surface. Le second est de diviser et de séparer les molécules de la terre les unes des autres, afin qu'un plus grand nombre soit exposé aux effets de la chaleur, de la lumière du soleil, de la pluie, des rosées, enfin de tous les météores.

Manière de labourer. — On peut labourer à plat ou par billons.

On laboure à plat, lorsque la charrue, en allant et en revenant, jette toujours la terre du même côté du champ, et remplit successivement chaque raie en en traçant une autre à côté, de sorte que la pièce de terre ainsi labourée présente une surface unie.

Labourer par billons, c'est faire de distance

5*

en distance, des sillons creux, et élever la terre qui se trouve entre ces raies.

Il y a des cas où il peut être utile de labourer par billons; généralement il vaut mieux labourer à plat, en ayant soin de pratiquer dans le sol des rigoles d'écoulement pour les eaux.

Les animaux qu'on attèle le plus ordinairement à la charrue sont les chevaux et les bœufs; on y attèle aussi des mulets. Il y a même des pays dont le terrain est extrêmement léger, où la charrue est tirée par des ânes.

Le travail des chevaux est plus prompt, celui des bœufs est plus uniforme. Les bœufs coûtent moins à nourrir; mais les chevaux font des charrois pour lesquels les bœufs conviennent moins, à cause de leur lenteur.

Pour que le labour soit bien fait, il faut qu'il soit bien égal, que la terre soit bien remuée, et que celle de dessus soit parfaitement renversée.

On dit que le labour est égal, quand les raies que trace le soc sont partout à égale distance les unes des autres, et quand elles ont la même profondeur.

Voici comment le laboureur doit disposer sa charrue avant d'entamer la pièce de terre:

S'il veut labourer profondément, il aura soin

que l'age soit peu avancé sur l'avant-train ; au contraire, il avancera l'age sur l'avant-train s'il veut que le labour soit peu profond. Si la charrue n'a pas d'avant-train, il élèvera ou abaissera l'age à l'aide des coins qui l'assujettissent.

Le laboureur commence la première raie en soulevant les mancherons et s'appuyant en même temps dessus, de manière à pousser vigoureusement en avant pour forcer le soc à piquer. En voyant la charrue avancer, il reconnaît s'il donne au labour la profondeur voulue; s'il n'est point entré assez avant, il arrête sa charrue pour abaisser l'age; s'il a donné trop d'entrure, il arrête également et élève l'age. Quand la charrue pique à la profondeur voulue, il cesse d'appuyer aussi fort, s'occupe à diriger le soc en droite ligne, en tenant toujours le manche, afin que le soc ne s'écarte ni à droite ni à gauche.

En faisant le sillon, le laboureur continue d'appuyer légèrement sur les mancherons ; il doit diriger son effort du côté du versoir, afin de l'aider à bien renverser le sol sens-dessus-dessous.

Après avoir achevé son sillon, le laboureur, avant d'en commencer un autre, enlève la terre

qui s'est attachée au versoir et au sep, et débarrasse la charrue des racines, des herbes et des
broussailles qui s'y sont arrêtées. Il doit aussi
examiner si, dans le cours du travail, sa charrue ne s'est pas dérangée.   (*Barrau.*)

Bêche.—La bêche est un instrument d'agriculture ou de jardinage, composé d'un manche
de bois plus ou moins long, suivant les espèces
de bêche, et d'un fer large, aplati et tranchant.
On se sert de cet instrument ainsi emmanché
pour remuer et labourer la terre, ce qui se fait
en y enfonçant la bêche à la profondeur de
trente-trois centimètres, afin de renverser le terrain sens-dessus-dessous; et, par ce moyen, faire
mourir les mauvaises herbes et disposer en même temps le sol à recevoir de nouveaux légumes. La bêche a aussi l'avantage de briser la
terre en petites molécules.

Binage.

Ce mot s'applique au travail des champs, de
la vigne et du jardinage. Le binage suppose un
travail fait précédemment et beaucoup plus considérable que le binage lui-même, puisque celui-ci ne remue que la terre déjà travaillée. La
première façon ou labour est pour rompre et

ouvrir la terre. Ce travail a lieu, ou d'abord
après la récolte, suivant la coutume de certains cantons, ou aussitôt après l'hiver. Dans
l'un et dans l'autre cas on bine six semaines ou
deux mois après; mais dans le premier on bine
de nouveau dès que les gelées sont passées.
Avant de biner la vigne, il faut qu'elle ait été
fossoyée; on la fossoie dès que la chaleur vient
ranimer la végétation, avant l'épanouissement
des bourgeons, et on la bine dans le mois de juin.
Quant au jardinage, on bine les laitues, les chicorées et autres plantes potagères, autant que le
besoin l'exige, et ce petit travail, fût-il très-
souvent renouvelé, n'est jamais perdu.

Semis.

Les semis sont la voie de multiplication la
plus naturelle, l'unique pour les plantes annuelles; celle qui procure une multiplication
plus abondante, qui fournit des sujets plus vigoureux, de la plus belle venue et de plus longue durée. Elle donne des variétés dont quelques-unes ont des qualités perfectionnées et des
propriétés plus éminentes que celles des espèces
auxquelles elles doivent leur existence; elle
procure, enfin, des races qui s'acclimatent plus

aisément au sol et à la température sous laquelle elles sont nées, que les pieds eux-mêmes transportés de leur pays natal. A tous égards, cette voie de multiplication doit être préférée pour la propagation des espèces et pour l'obtention de nouvelles variétés.

Pour accélérer la germination des graines dont l'enveloppe des lobes a une certaine consistance, comme les pois, les haricots, les fèves, etc., on doit les faire tremper dans l'eau ordinairement pendant douze, quinze ou vingt heures. Alors la peau des semences s'amollit, les germes se renflent, et, dans une terre fraîche, la plumule se développe bientôt au dehors en même temps que la radicule s'enfonce en terre ; cette prompte germination assure la réussite des semis, parce que les graines restent moins longtemps exposées à la voracité des insectes, des oiseaux et des musaraignes.

Lorsque les semences ont leur enveloppe très-dure ou qu'elles ont été récoltées sous des climats chauds, telles que différentes espèces de mimosa, de guilandina, de glycines et autres coques dures, on doit les plonger dans de l'eau dont la chaleur peut être portée depuis vingt degrés jusqu'à quarante-cinq, sans inconvé-

nient pour la vitalité des germes ; mais il est
bon qu'elles reçoivent cette chaleur graduellement ; elle dilate le tissu des coques, imbibe et
fait grossir les germes, et accélère la végétation
des semences, qui, mises dans la terre sans cette
préparation, pourraient y rester deux et même
cinq ans sans lever.

Si l'on craint que des semences, comme, par
exemple, celle des céréales, ne soient viciées de
carie, on doit les imprégner de sulfate de soude
et les passer dans une lessive composée de chaux
vive, ainsi que nous l'avons expliqué à l'article
Froment.

On fêle les parois des graines dont l'enveloppe est épaise, ligneuse et très-dure, par
exemple des noyaux de pêche, de quelques espèces d'abricot, de prunes, d'amande et autres
de cette nature ; mais cette pratique n'est pas
sans inconvénient.

Quelques-uns prétendent qu'en stratifiant ces
noyaux ils les retrouvent au printemps germés
et avec des racines ; ils assurent que c'est le
meilleur moyen pour multiplier les pêchers.

La stratification se pratique aussi pour toutes
les semences qui perdent leurs propriétés germinatives promptement. Cette opération con-

siste à 'placer lit par lit, dans du sable ou avec de la terre, et dans des vases, les graines qu'on veut conserver. La terre ou le sable qu'on emploie dans cette circonstance ne doit être ni trop sec, ni trop humide : trop sec, il absorberait l'humidité des graines; trop humide, il les ferait pourrir ou en exciterait la germination à une époque peu favorable à la végétation du jeune plant. La stratification s'opère peu de temps après la maturité des semences, et les vases qui les renferment doivent être placés à l'abri de la pluie et des fortes gelées. Au premier printemps, les semences sont tirées des vases et mises en terre.

CHOIX DES TERRES.— Les graines qui prospèrent dans les terres fortes sont plus particulièrement celles des grands arbres, dont les racines ligneuses et fortes sont destinées à nourrir les végétaux élevés, et à les mettre à l'abri des grands vents et des orages. Tels sont, parmi nos arbres indigènes, les chênes, les frênes et les plantes voraces qui aiment les lieux aquatiques.

Les végétaux dont les graines lèvent de préférence dans les terres maigres sont ceux qui craignent l'humidité et qui se plaisent dans les sols secs, légers et chauds, tels que les amandiers, quelques érables, les rosiers, les orangers, etc.

On sème dans les terres de jardin, qui offrent un très-grand nombre de variétés de terrain, mais qu'on ameublit et qu'on amende suivant l'exigence des besoins, les graines de légumes, de salades et de plantes employées à l'ornement des jardins.

Temps des semailles. — *Aussitôt la maturité des graines.* — Beaucoup de semences, dont le germe est accompagné d'un corps corné, perdent leurs propriétés germinatives peu de temps après leur maturité. On remédie à cet inconvénient en semant ou stratifiant ces sortes de graines immédiatement après leur maturité.

A l'Automne, on confie à la terre plusieurs graines de plantes vivaces de la famille des Ombellifères, des fraxinelles, des rosiers, et les espèces les plus importantes des céréales.

En Février et en Mars. — Après la cessation des fortes gelées, lorsque la terre devient maniable, et dans la saison des pluies, on sème une grande quantité de graines d'arbres de pleine terre. On y répand aussi les semences des prairies naturelles et celles des céréales de printemps.

On sème également les graines de plantes potagères rustiques dont les jeunes plants ne craignent pas les faibles gelées passagères qui sur-
viennent à cette époque.

On place sous des châssis et sur couches
les graines de plantes des climats chauds dont
on veut obtenir des fruits précoces.

En Avril. — C'est dans ce mois que se fait,
dans les départements septentrionaux de la
France, la plus grande partie des semis de pleine
terre, des céréales de printemps et des prairies
artificielles. On sème en pleine terre les graines
de toutes les plantes annuelles de climats ana-
logues à la température du nôtre. On sème dans
des pots et sur couches les graines des plantes
des pays méridionaux. Celle des végétaux des
tropiques sont semées sous des châssis; et,
enfin, on met en terre, sous des bâches, les
graines de plantes de la zone torride qui sont de
nature annuelle.

En Mai. — On sème dans ce mois, en pleine
terre, différentes espèces de légumes et de fleurs
dont la végétation n'a besoin que d'environ
quatre mois pour qu'on en recueille les produits
utiles ou agréables; telles sont les diverses variétés de haricot, de capucine et des autres

plantes qui craignent les plus faibles gelées.

Dans toutes les Saisons. — Les plantes qui se sèment en pleine terre presque toute l'année, excepté pendant le temps des gelées, sont quelques espèces de légumes dont on veut jouir dans toutes les saisons ; tels que les épinards, les petites raves et des salades.

DIFFÉRENTES MANIÈRES DE SEMER. — *En pleine terre à la volée.* — Les graines qui se sèment à la volée sont celles des céréales, des fourrages, des plantes textiles, oléagineuses, et enfin de la plupart de celles qui se cultivent en grand dans les campagnes. Dans les jardins, on sème ainsi les carrés de gros légumes, les gazons, etc.

Un semeur intelligent, portant dans un tablier serré autour de ses reins la graine qu'il veut semer, parcourt à pas mesurés le champ qu'il veut ensemencer ; à chaque pas qu'il fait il prend une poignée de graines et la répand le plus également possible dans une étendue déterminée. Lorsque les semences sont trop fines pour remplir sa main, il les mêle avec une certaine quantité de terre sèche, de sable ou de cendre, et les répand ainsi.

Par Planches. — Cette manière de semer ne

se distingue de la précédente qu'en ce qu'au lieu de semer une pièce en entier, on la sème en planches plus ou moins larges, qui sont séparées par des sentiers. Le semeur emploie le moyen ci-dessus indiqué.

Dans les jardins potagers, presque tous les semis se font en planches qui, rarement, passent deux mètres de large sur une longueur à volonté.

Par Rayons. — Le semis par rayons est très-usité dans les campagnes pour les pois, les lentilles, les gesses, et même quelques céréales qu'on établit sur les ados des fossés de vignes et autres cultures. On le pratique communément dans les jardins pour les légumes dont on borde les carrés et les planches. Dans les pépinières, il est fort en usage pour les semis de graines d'arbres.

Il consiste à tracer sur un terrain nouvellement labouré un sillon plus ou moins large et plus ou moins profond, suivant la nature des végétaux; puis à y répandre les graines le plus également qu'il est possible, et à les recouvrir de terre fine, de l'épaisseur qui convient à leur nature. On affermit ensuite la terre du fond du sillon avec le dos d'un râteau, et on la recouvre de terreau de feuilles ou d'autres engrais, suivant l'exigence des cas.

Seule à seule. — On sème seule à seule, par lignes, à des distances déterminées, les grosses graines, telle que celles des chênes, des châtaigniers, des noyers, des marronniers-d'Inde, des amandiers, des pêchers, des abricotiers et autres de cette nature, qui ont été stratifiées dans le sable à l'automne, et qui sont en état de germination ou sur le point d'y entrer. Lorsqu'on se propose de laisser croître à demeure les arbres qui doivent provenir de ces semis, on plante les graines germées avec leur radicule entière; les arbres en deviennent plus grands, plus beaux, et ils sont moins exposés à être déracinés par les vents. Mais lorsqu'on destine ces jeunes arbres à être transplantés, il est convenable de couper, avec l'ongle, l'extrémité de la radicule; alors le pivot de la racine, au lieu de descendre perpendiculairement, se divise en plusieurs racines qui s'étendent à rez-terre. Cette opération rend la reprise des sujets transplantés plus assurée.

Dans des Vases, en Caisses. — Cette espèce de semis ne s'emploie guère que pour des graines délicates, dont le jeune plant a besoin d'être

6

surveillé et placé à différentes expositions dans diverses saisons, ou rentré dans une serre pendant l'hiver.

On établit dans le fond de la caisse qu'on se propose de semer, un lit de menus plâtras d'environ 6 centimètres d'épaisseur; on couvre ce premier lit d'à peu près deux doigts de terre franche qu'on affermit avec le poing. On remplit le reste de la capacité de la caisse, jusqu'à 5 centimètres de son bord supérieur, de terre préparée et convenable au végétal qu'on se propose d'y introduire; puis on y répand la graine.

La caisse ainsi semée est placée à l'exposition qui convient à la germination des graines; à l'automne, elle est couverte de litière, placée au midi, ou rentrée dans l'orangerie, suivant la délicatesse et l'état du jeune plant.

En Terrines. — Les semis en terrines ont plus particulièrement pour objet, dans les potagers, les légumes de primeur, tels que différentes variétés de choux-fleurs, de brocolis, de fraisiers des Alpes, etc. On les sème à l'automne ou au premier printemps, et on les place soit dans des côtières bien exposées au midi, dans une serre froide, ou sous des châssis.

En Pots. — Les semis en pots conviennent à

de petites quantités de graines de plantes des climats étrangers et d'une température plus chaude que celle du pays dans lequel on les fait.

Semis sur Couches et sur Ados.

Sur Couche sourde. — La couche sourde s'établit dans une fosse de 1 mètre de profondeur, de 1 mètre 66 centimètres de largeur, et d'une longueur déterminée par le besoin. On la construit de toutes sortes de matières fermentescibles, telles que des tontures de buis, d'if, du marc de raisin, de pomme, d'olive, et de diverses sortes de fumier ; ou tout simplement de balayures de chantiers, de bois, ou de rues. Il convient de mélanger les substances de manière à ce que cette couche ne produise qu'une faible chaleur, mais durable.

On la recouvre d'environ 20 centimètres de terreau de couche, qui s'élève au-dessus du niveau du terrain. C'est dans ce lit de terreau qu'on introduit les pots de semis nouvellement faits : on les y place bien horizontalement, les uns à côté des autres, et l'on remplit très-exactement avec du terreau les intervalles qui se trouvent entre eux.

Sur Couche chaude. — La couche chaude se distingue de la précédente en ce qu'elle est construite avec du fumier lourd et de la litière, et qu'elle est établie sur la surface du sol et non en terre.

On donne plus ordinairement à cette sorte de couche 1 mètre 66 centimètres de largeur, 1 mètre 17 centimètres de hauteur, sur une longueur à volonté. Ses bords sont formés avec des bourrelets de fumier moelleux, mêlé avec les deux tiers environ de litière triturée. La partie du milieu est formée, lit par lit, de ces mêmes substances, auxquelles on ajoute du fumier à demi consommé. Chaque lit qu'on établit, et auquel on donne 25 centimètres d'épaisseur, doit être affermi par un piétinement répété à chaque couche que l'on forme. Lorsque la couche est arrivée à la hauteur convenable, on la règle, c'est-à-dire qu'après l'avoir foulée aux pieds à plusieurs reprises dans toute son étendue, on remplit avec du fumier lourd les endroits bas qui s'y trouvent. Si le fumier qu'on a employé dans la fabrication de la couche n'était pas assez humide pour entrer prochainement en fermentation, ou qu'on eût besoin d'une plus vive chaleur que celle qu'on peut espérer du

fumier, on l'arroserait abondamment : un seau
d'eau par 33 centimètres carrés versé à la surface suffit à peine pour imbiber la masse de la
couche. Après qu'elle a ainsi été arrosée, on la
laisse reposer douze ou quinze heures : alors
elle entre en fermentation et fournit une chaleur
très-vive, dont le centre du foyer se trouve dans
le milieu de toute sa longueur; on marche encore sur la couche qui s'affaisse sensiblement ;
on l'égalise de nouveau avec du fumier lourd
dans les endroits qui ont besoin d'être rehaussés,
et on la tient un peu bombée dans son milieu.

Cette opération faite, on terreaute la couche,
c'est-à-dire qu'on couvre de terreau toute sa
surface ; on en met environ 17 centimètres d'é-
paisseur, et on la garnit sur-le-champ du semis
dont elle doit protéger et activer la germination.

Mais une précaution nécessaire et même indispensable, est d'arroser souvent, et en forme
de pluie fine, les pots des semis nouvellement
plantés sur la couche; de les tenir dans une humidité constante, et cela jusqu'à l'époque où les
germes soient sortis de terre : alors on modère
les arrosements, et on ne les administre que lorsque les plantes l'exigent.

On emploie avec succès, dans notre climat,

la chaleur des couches chaudes pour faire lever les graines des végétaux qui croissent naturellement sur la côte de Barbarie et dans les îles de l'Archipel.

Sous Châssis. — Les châssis propres à la culture des semis de plantes étrangères sont posés sur des couches semblables à celles que nous venons de décrire ci-dessus ; il existe seulement quelques différences dans leurs dimensions. Les caisses des châssis n'ont ordinairement que 1 mètre 35 cent. de large sur 6 mètres de long. On donne aux couches qui doivent les supporter 17 centimètres de plus sur leur largeur et sur leur longueur ; on borde celles-ci en gros bourrelets de paille, et on les termine par un autre bourrelet isolé, d'environ 11 centimètres de haut, que l'on place à l'endroit où doit être posée la caisse du châssis. Le derrière de la caisse étant plus élevé, par conséquent plus lourd, et devant faire tasser la couche davantage, le bourrelet qu'on place dessous doit être plus élevé de 6 centimètres que celui qui porte le devant. D'ailleurs, le reste de la couche est construit avec la même nature de fumier, pratiquée, piétinée, arrosée et terreautée de la même manière que celles dont nous avons précédemment parlé.

Lorsque la couche est faite et réglée, on place dessus la caisse du châssis, et l'on plante dans le terreau qui la recouvre les pots des semis qu'elle doit recevoir. Les panneaux de vitres ne se placent sur la caisse que cinq ou six jours après que la plantation a été faite sur la couche, pour laisser passer le premier coup de feu, qui, dans une atmosphère circonscrite et abritée du contact de l'air ambiant, pourrait échauder les graines et en détruire les germes.

Après quinze jours de construction, lorsque la chaleur de la couche commence à faiblir, on la ravive au moyen de réchauds qu'on pratique tout autour; ces réchauds se font avec du fumier moëlleux mêlé avec de la litière, et disposé en forme de contre-mur le long des parois extérieures de l'ancienne couche et dans toute sa circonférence. On en enlève les bords supérieurs au niveau du châssis; et, après l'avoir bien affermi et arrosé, on le couvre de quelques centimètres de terreau pour concentrer davantage le calorique. La chaleur humide du réchaud pénètre promptement l'épaisseur de l'ancienne couche, y rétablit la fermentation, et en développe une nouvelle chaleur. Vient-elle à s'abaisser au-dessous du degré convenable, on renouvelle les réchauds autant de fois qu'il en est besoin pendant le temps où les semis doivent rester sous le châssis.

On sème dans des pots, sur une couche chaude et sous châssis, les graines des plantes annuelles dont on veut accélérer la végétation, à l'effet de jouir plus tôt de leurs produits soit utiles ou agréables.

Dans les jardins potagers, on fait lever sous châssis les graines de laitues, de petites raves, de pois, de haricots, dont on veut des fruits précoces.

D'après ce qui vient d'être dit, il est aisé de sentir : 1° que la couche de terre dans laquelle se font les semis doit être abondante en parties nutritives; 2° qu'elle doit avoir peu d'épaisseur, être meuble et légère, pour que les pulpes des semences puissent aisément la traverser lors de leur développement.

Sur Ados. — L'ados est une élévation de terre en forme de dos de bahut, plus large du bas que du haut. C'est aussi tout endroit qui n'est exposé ni aux mauvais vents ni aux gelées, et qui se trouve adossé contre un mur ou contre un bâtiment ayant le soleil en face.

Au lieu d'élever son ados de 11 à 17 centi-

mètres de hauteur, suivant certaine coutume, il
faut l'exhausser de 35 et même de 42 centimètres par derrière, venant en mourant par devant. Au moyen de cette pente rapide, deux
effets ont lieu : le premier, de faire jouir l'ados
ainsi disposé, pendant l'hiver, lorsque le soleil
est bas, des rayons de cet astre, qu'il reçoit
presque perpendiculairement pendant une partie de la journée ; le second est que cet ados
n'a jamais, lors des gelées et des frimats, aucune
humidité nuisible, puisque toutes les eaux s'é-
coulent nécessairement.

Cette sorte d'ados se pratique, à l'exposition
surtout du midi, le long d'une plate-bande ;
souvent on a un espalier à ménager, et voici,
pour cet effet, comment on s'y prend : On laisse
entre le mur et l'ados cinquante centimètres
de sentier ; cet espace suffit pour aller travailler les arbres. Il faut, avant de semer, laisser la terre se plomber pendant quelques jours.

Au lieu de faire en long les rigoles pour semer, il faut les pratiquer en travers, du haut
en bas de l'ados, puis semer ; après quoi il faut
les garnir de terreau et les remplir de terre
menue.

Lorsqu'il arrive des gelées fortes, des neiges,

etc., il faut couvrir avec grande litière et paillassons par-dessus, qu'on ôte et qu'on remet
suivant le besoin.

Ces ados, pratiqués de la sorte, doivent être
faits dans les derniers jours d'octobre, et semés
au commencement de novembre; on peut, par
ce moyen, avoir des pois et des fraises quinze
jours ou trois semaines plus tôt que les autres,

CHAPITRE VII.

**Repiquage, Arrosage, Sarclage.— Usage des Brise-Vents
Paillassons, Châssis et Cloches.**

Répiquage.

On donne le nom de repiquage à l'opération
de planter le jeune plant venu de sémences de
végétaux herbacés. Cette opération a surtout
pour objet de favoriser la croissauce de jeunes
semis levés touffus.

Tous les semis de plantes annuelles ne sont
pas également propres à être repiqués. Il en est
qu'il est plus avantageux de laisser croître et
fructifier à la place où ils sont nés, tels que
ceux des plantes à racines pivotantes et sans

chevelu latéral, comme les carottes, les panais, les pieds-d'alouettes, les pavots, etc, Il en est d'autres qu'il importe de repiquer très-jeunes, lorsqu'ils ont pris leur troisième ou quatrième feuille, tels que les laitues, les melons, les giroflées, etc. On procède au repiquage da la manière suivante :

Sur un terrain labouré depuis quelques jours, et dont la terre a été plombée par une pluie ou un arrosement copieux, on trace des lignes à l'aide d'un cordeau dans toute l'étendue de la planche ou du carré qu'on se propose de planter. Ces lignes doivent être plus ou moins rapprochées, en raison du but qu'on se propose dans la plantation, et aussi suivant les dimensions des végétaux. Pour les diverses espèces de laitues, de chicorées, de romaines, etc., il convient d'éloigner les lignes les unes des autres d'environ seize à dix-huit centimètres,

S'il est question de repiquer les plants de grands végétaux, comme des choux-pommés, des choux-fleurs, des cardons d'Espagne et autres de cette dimension, il convient de tirer les lignes à un mètre de distance les unes des autres. Le terrain ainsi disposé et tracé, on prend dans le semis le jeune plant destiné à être repiqué. Le plus sain et le plus vigoureux est le meilleur, et doit être choisi de préférence. On le lève avec toutes ses racines, et, pour cet effet, on choisit un temps favorable, où la terre ne soit ni trop sèche ni trop humide, et où elle laisse aisément enlever les racines.

Ces racines, ordinairement grêles et sans consistance, ne peuvent rester de toute leur longueur; elles se ramasseraient en paquets ou se courberaient sur elles-mêmes, lors du repiquage; il convient donc de les rogner. Pour les plantes rustiques, cette opération est peu dangereuse; elle consiste à prendre le plant à poignée et à en couper la racine à deux, quatre, six et jusqu'à seize centimètres du collet de la tige, suivant la nature du végétal et l'étendue de l'objet qu'on veut diminuer.

Cette opération n'est pas aussi dangereuse qu'on le croit au premier coup d'œil, elle est même utile pour les plantes herbacées annuelles; toutes ces racines coupées en poussent une grande quantité d'autres, qui, se répandant à la surface de la terre, augmentent considérablement les bouches nourricières des végétaux, et leur portent un accroissement de sucs qui tourne au profit de leur volume, de la beauté de leurs fleurs ou de la qualité de leurs produits.

Autant que possible, il faut choisir un temps couvert, chaud et humide, pour lever le jeune plant de son semis, n'en arracher que ce qu'on peut en planter dans un tiers de jour, le tenir à l'ombre et à l'abri du contact de l'air jusqu'au moment de le planter; et, lorsqu'on procède à la plantation, il ne faut pas discontinuer jusqu'à ce qu'elle soit effectuée.

Cette plantation consiste à faire des trous avec un plantoir sur les lignes tracées précédemment et à des distances déterminées par l'espace que doit occuper la plante dans son état parfait. On place au fur et à mesure qu'ils sont faits, dans chacun de ces trous, le jeune plant, qu'on enterre aussitôt avec le même plantoir.

Immédiatement après la plantation, on arrose copieusement, avec l'arrosoir à pomme, toute la surface de la planche nouvellement plantée; cette opération se répète, matin et soir, dans les huit ou dix premiers jours qui suivent le repiquage; après quoi, le jeune plant étant repris, on ne l'arrose que lorsqu'il en a besoin. S'il survenait des coups de soleil susceptibles de brûler la jeune plantation, il conviendrait alors de la recouvrir d'un très-léger lit de paille, ou, mieux encore, de paillassons à claire-voie, soutenus par des fourchettes.

Le repiquage des plantes herbacées annuelles se fait pendant presque toute l'année dans les jardins potagers et fleuristes. Il n'y a que le temps des gelées, celui des pluies trop abondantes, et la trop grande sécheresse, qui rendent cette opération impraticable.

Arrosage.

De la manière d'arroser. — Le jardinier, portant deux arrosoirs garnis de leurs pommelles, marchera rapidement dans le sentier qui borde ses planches, en répandant de l'eau sur celles-ci. La pommelle de l'arrosoir sera bombée et parsemée de trous très-petits, afin que les filets liquides auxquels ils donneront passage aient peu de volume, et les trous seront espacés de quatorze à quinze millimètres; s'ils étaient plus rapprochés, les filets se réuniraient dans leur chute et battraient la terre.

On vient de dire que la marche du jardinier, lors du premier arrosement devait être précipitée; c'est afin de donner très-peu d'eau en commençant: il faut que la terre ait eu le temps de s'imbiber avant de recevoir un second arrosement, surtout si elle est sèche. Sans cette précaution, l'eau ruissellerait de la planche dans

le sentier, ou se rassemblerait dans les petites
cavités, qu'elle rendrait encore plus profondes
en y resserrant la terre.

Un quart-d'heure après cet arrosement, on
donne le second; la marche du jardinier est plus
lente, plus posée, et il a soin d'arroser également partout. Il en sera ainsi du troisième et du
quatrième, si le besoin l'exige.

Comme le jardinier a communément plusieurs
planches à arroser, il passera sur une seconde
et même sur une troisième avant de recom-
mencer sur la première. Le temps employé à
l'arrosement de ces planches et celui qui sera
nécessaire pour aller remplir les vases, permettront à la terre de bien absorber la première eau. Il en sera ainsi pour les arrosements
suivants.

Quand faut-il arroser? — Ayez égard aux
saisons : en hiver, si l'on arrose sur le soir,
il est à craindre que le vent ne change dans la
nuit, et n'amène la gelée; alors l'arrosement
est nuisible. Une autre raison fait proscrire les
arrosements du soir en hiver, c'est la longueur
et la fraîcheur de la nuit; mais à mesure que le
soleil s'élève, que ses rayons prennent plus de
perpendicularité, et par conséquent plus de

force, c'est le cas de commencer à arroser dans
la soirée, et le moment le plus favorable est celui où le soleil se couche. En cela vous imiterez
l'ordre de la nature, puisque ce moment est celui où la rosée commence à tomber. Si, pendant
l'été, on arrose dans la matinée, le soleil aura
bientôt absorbé l'humidité répandue sur la surface de la terre, et elle n'aura même pas le
temps de pénétrer jusqu'aux racines des plantes, pour peu qu'elles soient profondes. La terre
se durcira, formera une croûte, se gercera, et
même par ces gerçures, le peu d'humidité ren-
fermée dans la terre s'évaporera. Si l'on arrose
vers midi, outre les inconvénients dont on vient
de parler, il est à craindre que le soleil ne brûle
les feuilles, car la moindre goutte d'eau réunie
en globule fait l'office d'une loupe; elle rassemble les rayons, et, au point du foyer, la partie
de la plante qui y correspond est sur-le-champ
calcinée. Lorsque les globules sont très-multi-
pliés, le dessèchement subit d'un grand nombre de feuilles a lieu de cette manière.

En hiver, au contraire, il faut arroser lorsque
le soleil a dissipé la fraîcheur de la surface
de la terre; les rayons qu'il nous envoie alors
obliquement n'ont pas la même activité qu'en

été; l'humidité sera très-peu évaporée ; et par une chaleur douce, elle aidera la fermentation des sucs, leur dilatation, enfin leur ascension dans les plantes.

L'eau pour l'arrosement doit être d'une température égale à celle du terrain qu'on veut arroser, à quelque heure que ce soit de la journée. Je ne parle pas de l'hiver lorsqu'il gèle, puisqu'on n'arrose pas alors. Pour cet effet, tirez le soir l'eau qui doit servir pour le lendemain matin : elle se mettra pendant la nuit à la température de l'atmosphère; tirez le matin celle dont vous vous servirez quelques heures après, et à trois heures de l'après-midi, celle que vous destinez pour l'arrosement du soir au soleil couchant. Ce genre d'arrosement suppose dans le jardin un ou plusieurs réservoirs découverts afin d'accélérer le travail; si le jardin en est dépourvu, un maître vigilant doit en faire construire sans délai.

Sarclage.

Sarcler, c'est enlever d'un champ, d'une vigne, d'un pré, d'un jardin, etc., les herbes parasites.

On croit économiser, en ne faisant pas sar-

cler les blés au commencement du printemps,
tandis que l'on perd réellement et sur la quantité de la récolte et sur la qualité du grain.
L'herbe seule que l'on arrache à cette époque
où le fourrage vert est encore rare, dédommage
amplement des frais, si on la fait consommer
surtout par des vaches.

Dans un jardin potager, les mauvaises herbes déshonorent le jardinier, et je ne prendrais
jamais à mon service un homme qui, sous
quelque prétexte que ce soit, laisse croître les
plantes parasites. Les excuses ne manquent jamais; aucun raisonnement ne peut justifier cette
négligence.

Brise-vents.

C'est un rempart de paille ou de roseaux,
que l'on fait pour mettre des plantes ou des
couches à l'abri des vents. Les brise-vents sont
placés perpendiculairement, et maintenus tels
par le secours de piquets fichés en terre; ils ont
communément d'un mètre à un mètre soixante-
six centimètres de hauteur, et une longueur proportionnée au terrain que l'on veut abriter.

Paillassons.

Les paillassons sont des assemblages plus ou moins hauts et larges, ayant quelques centimètres d'épaisseur, de brins de paille maintenus par des entrelacements de ficelle.

Quelques plantes délicates périraient l'hiver, si l'on n'avait pas soin de les couvrir soit par une certaine épaisseur de litière ou de feuilles sèches, soit par des paillassons. Tous ces abris, surtout ceux des plantes qui, conservant leurs feuilles, ne veulent pas être privées trop longtemps de la lumière, doivent s'enlever chaque fois qu'il ne gèle pas ou que le froid n'est pas trop fort, pour être remis le soir, et même pendant le jour lorsque la prudence l'exige.

Celui qui veut récolter ses fruits doit se précautionner contre les gelées tardives du printemps ; c'est pour cette raison qu'à Montreuil et dans tous les jardins fruitiers bien tenus, on voit les chaperons des murs d'espaliers disposés pour qu'on puisse y mettre des planches ou des paillassons maintenus solidement devant les arbres, de manière à ne pas froisser ou faire tomber les fleurs.

Il est certaines plantes auxquelles il convient

de n'avoir le soleil que le matin ou seulement pendant quelques heures de la journée. Lors donc que l'on n'a ni palissades ni murs, ou qu'ils ne sont pas dans la direction nécessaire, on y supplée par des paillassons maintenus droits au moyen de pieux auxquels on les attache avec des liens d'osier.

Celui qui manque de toile doit aussi, pendant l'été, jeter des paillassons légers sur les vitraux des châssis et des serres lorsque le soleil y darde trop fort; les paillassons sont de nécessité rigoureuse pour couvrir tous ces objets durant les nuits d'hiver, et même quelquefois pendant le jour si le froid est trop intense. Pour ne pas s'exposer à des pertes considérables, on doit se hâter de jeter des paillassons sur tout ce qui est vitrage, lorsqu'on est menacé de grêle.

Châssis.

Châssis se dit, en général, d'un bâti de bois peint à l'huile, et garni de panneaux vitrés, ceux qui désirent ne pas revenir souvent à sa construction font les panneaux en fer. Après ce métal, le bois de chêne est à préférer; celui de châtaignier vient ensuite. On doit choisir du bois parfaitement sec, sans quoi la chaleur humide des couches, unie à l'action du soleil, le fait tourmenter et déjeter ; alors les verres, n'en pouvant suivre les différentes courbures, se fendent et éclatent. Le châtaignier une fois bien sec n'a pas le défaut de déjeter.

DE LA MANIÈRE DE CONSTRUIRE LES CHASSIS. Les châssis sont composés de la caisse et des panneaux à vitres.

De la caisse. — La longueur en est indéterminée et doit être proportionnée aux besoins ; il n'en est pas de même pour sa largeur : le jardinier, placé devant la caisse, doit toucher facilement avec la main le côté opposé. Ainsi, la largeur sera de 1 mètre 33 cent. au plus ; la hauteur, de 1 mètre à un mètre 33 cent. sur le devant, et de 1 mètre 80 cent. sur le derrière.

Tous les bois qui concourent à former la caisse doivent avoir au moins 6 centimètres d'épaisseur ; chaque planche doit être emboîtée à rainures sur toute sa longueur, et à queue d'aronde dans ses extrémités. Ces précautions sont de rigueur, parce que la chaleur et l'humidité font singulièrement travailler le bois. Les personnes prudentes garnissent aussi les angles avec des bandes de fer fortement clouées.

Des panneaux à vitres. — On multiplie les panneaux à vitres suivant la longueur de la caisse. Ces panneaux ou châssis ne doivent pas avoir plus de 1 mètre 17 centimètres de largeur ; à 1 mètre 33 centimètres ils commencent à être embarrassants et lourds à soulever.

Si chaque carreau de vitre avait son cadre en bois, comme dans les châssis de nos fenêtres, l'eau des pluies s'écoulerait difficilement et pénétrerait dans la couche. Pour éviter cet inconvénient, les liteaux qui soutiennent les vitres sont placés sur la longueur du châssis, du haut en bas : garnis d'une rainure, ils reçoivent la vitre et la supportent, de manière que l'extrémité inférieure de chaque vitre soit placée en recouvrement sur la vitre qui vient après, de la même façon que les ardoises ou les tuiles plates sont placées sur nos toits.

Il y a deux manières de retenir et de fixer ces vitres : la première consiste à enfoncer des pointes dans le bois du cadre à chaque bout de la vitre, et de remplir la rainure avec du mastic de vitrier. Ce mastic est composé avec du blanc de céruse passé au tamis de soie, et pétri avec de l'huile de lin, de noix ou de navette, qui doit auparavant avoir été cuite et rendue plus sic-

cative par un nouet de litharge suspendu au
milieu pendant la cuisson. Il ne faut pas oublier
de garnir de mastic les deux endroits où se terminent les carreaux de vitre placés en recouvrement.

Il faut soulever les châssis de bas en haut;
dans la partie inférieure est une manette, et
dans la région supérieure se trouvent des ferru-
res à charnières qui facilitent le haussement ou
l'abaissement.

Plusieurs personnes ne mettent point de panneaux sur les côtés, et continuent le massif de la
caisse jusqu'en haut pour soutenir les châssis.
Cependant l'expérience m'en a prouvé l'utilité.

On est dans la mauvaise habitude de placer
ces caisses contre les murs; il faut moins de
bois, il est vrai, mais on ne fait pas attention
que la pierre est un très-bon conducteur de la
chaleur, et par conséquent, que celle que le mur
absorbe est une fâcheuse perte. Ceux qui en-
tendent mieux leurs intérêts plafonnent avec
des planches le fond de la couche, parce que
le bois est moins conducteur de la chaleur que
la pierre.

Le Hollandais, toujours économe, simplifie
autant qu'il le peut les objets. Le climat qu'il

habite l'oblige de recourir aux châssis pour les semis de tabac. Au lieu de vitres, il se sert de papier collé sur le cadre; mais, comme ce papier serait détrempé et ensuite dissous par la pluie, il a soin de l'imbiber de graisse, et l'eau coule sans l'endommager. Voici son procédé : le papier étant collé sur son cadre, il le présente sur un réchaud garni de charbons allumés; lorsque le papier est bien chaud, sans être roux, il passe légèrement dessus du saindoux, et la chaleur du papier le fait fondre; il enduit ainsi tous les carreaux. Cette opération rend le papier plus diaphane, et la clarté sous le châssis est plus douce que celle qui est produite par la vitre.

Les châssis en plan incliné, tels qu'on vient de les décrire, ont pendant longtemps été regardés comme les meilleurs; mais on en a fait d'une nouvelle forme, qui méritent la préférence. En comparant ces nouveaux châssis aux anciens, on en reconnaît aisément la supériorité, qui tient seulement à la courbure du vitrage. Avec les châssis en plan incliné, les rayons du soleil, depuis son lever jusqu'à son coucher, ne tombent perpendiculairement sur le verre tout au plus que pendant quelques minutes; au lieu que sur les nouveaux châssis, qui sont cintrés, les rayons sont presque toujours perpendiculaires depuis neuf heures du matin jusqu'à trois heures de l'après-midi. On n'ignore pas que c'est à cette perpendicularité des rayons qu'est due la chaleur; en hiver, le soleil est plus près de nous qu'en été, mais en hiver ses rayons sont plus obliques : voilà pourquoi ils sont si peu chauds.

Tous les châssis quelconques tiennent plus au luxe qu'aux besoins, excepté les châssis à papier des Hollandais, que nos jardiniers ordinaires devraient adopter ; ils leur serviraient à semer les plantes printanières et à mettre celles-ci à l'abri des rosées froides ou des gelées tardives des mois de mars et avril.

Cloche.

C'est un vase de verre qui a la forme d'une cloche d'église ; son sommet est garni d'un bouton, pour la soulever. Les jardiniers se servent de cet objet afin de couvrir les melons et autres plantes, tant pour les garantir du froid que pour les faire croître plus promptement.

Les meilleures cloches et les plus solides sont

6*

celles qui sont faites d'une seule pièce. On en construit avec de petits carreaux de verre maintenus par des plombs, et elles sont à paus coupés. L'entretien de celles-ci est très-dispendieux.

La cloche de verre noir, ou verre de bouteille, est celle qui communique le plus de chaleur aux plantes, par rapport à sa couleur, qui absorbe mieux les rayons du soleil. Celle de verre blanc les réfléchit davantage, elle est par conséquent moins chaude; mais les plantes qui en sont recouvertes sont plus vertes que si le verre était noir, parce qu'elles reçoivent plus de lumière.

Suivant le degré de chaleur de la saison, la cloche doit être plus ou moins entre-bâillée sur le sol, au moyen d'un crochet qui a différentes échancrures destinées à l'élever ou à l'abaisser.

CHAPITRE VIII.
Destruction des Animaux nuisibles.

Taupe. — La taupe est un quadrupède trop connu pour le décrire; il se nourrit de vers, d'insectes et de racines de certaines plantes, et, en particulier, d'oignons de colchique. Il est

très-facile de détruire les taupes, si on les pour-
suit avec persévérance.

Le premier soin est d'affaisser tous les mon-
ticules frais qui s'élèvent au-dessus du niveau du
sol. L'animal les rétablira à trois époques bien
marquées, au soleil levant, à midi, et vers le
soleil couchant. On examine de quel côté il
pousse la terre dehors, et l'on enfonce profondément et avec prestesse, du côté opposé à celui
où est jetée la terre, une bêche ou une pelle de
fer; enfin, avec la même rapidité on enlève
toute la terre, la taupe s'y trouve prise, et on la
tue.

Pour détruire cet animal, on se sert aussi
d'un instrument appelé taupière; c'est un mor-
ceau de bois creusé et qui a une soupape. On
empoisonne les taupes en trempant des vers de
terre dans de l'eau bouillante, puis on les roule
dans la noix vomique réduite en poudre, et
l'on dépose ces vers dans la galerie nouvelle des
taupes.

Taupe-grillon, couftilière ou courterole. —
La véritable dénomination est la première. On
a nommé cet insecte taupe, parce qu'il vit sous
terre comme la taupe, et parce que, comme
elle, il y creuse des galeries; et grillon, parce

qu'il est de la famille de ces insectes. Il fait le même bruit que le grillon de nos champs, mais moins fort.

Le point le plus important est de trouver les moyens de détruire promptement cet insecte, qui fait successivement périr toutes les plantes d'une couche et celles de plusieurs planches d'un jardin. J'ai suivi à plus de vingt mètres de distance une galerie creusée par une seule courtilière; cette galerie souterraine était coupée et recoupée par plusieurs autres. On doit juger, par cet exemple, du dégât que peut causer une nichée qui contient depuis cent jusqu'à quatre cents œufs.

Un moyen très-simple et qui seul m'a servi à détruire complètement les taupes-grillons dans un jardin qui en était infesté, consiste à placer un monceau de fumier de litière à la tête de chaque petit chemin tracé entre deux planches de jardinage. On le piétine, et on le laisse pendant cinq ou six jours ainsi amoncelé. Au septième jour, et avant le lever du soleil, le jardinier, armé d'une fourche à trois dents, vient doucement vers le monceau, et, d'un seul coup, il le soulève et l'éparpille; il voit alors les courtilières et il les tue. Il ne faut pas déranger l'ouverture des galeries qui correspondent au fumier. Après l'opération, le jardinier amoncèle à la même place le même fumier; s'il est trop sec, il l'arose un peu et le piétine. Le lendemain, ou le surlendemain au plus tard, il recommence sa chasse de la même manière que la première fois, et ainsi de suite pendant toute la saison. Qu'il ne se dégoûte pas, si parfois elle est infructueuse; en renouvelant de temps à autre le fumier, son odeur attirera de loin les insectes. Si dans ces monceaux de fumier, multipliés suivant le besoin, il trouve un dépôt d'œufs, la totalité du fumier et de la terre voisine doit être enlevée avec le plus grand soin et portée sur-le-champ dans le feu, afin de détruire d'un seul coup tous les œufs; sans cette précaution, un grand nombre échappera à ses recherches.

Rats, souris, loirs, campagnols. — Les meilleurs moyens connus pour détruire ces animaux sont :

1° D'enterrer rez-terre des pots renfermant de l'eau dont la surface est recouverte de balles de grain ou d'une bascule au bout de laquelle se trouve un appât;

2° De propager les animaux qui font la guerre au souris, tels que les chats, les hérissons et les chats-huants.

Pour tuer les campagnols dans les prairies, il faut employer l'irrigation, lorsqu'il est possible de l'appliquer.

Les *pucerons*, *puces de terre*, *altisses* ou *tiquets*, sont principalement nuisibles au colza, à la navette, au lin et aux choux; dans ces cultures, ces insectes font quelquefois des dégâts terribles, et les moyens connus jusqu'ici ne réussissent pas toujours pour s'en garantir. Ceux de ces moyens qui méritent de fixer l'attention consistent à répandre sur les jeunes plantes, le matin de bonne heure et pendant la rosée, de la chaux vive, du plâtre, des cendres de bois et de tourbe, de la poussière de houille, de la suie, de la poudre de brique, etc. Pour le colza, on a essayé avec succès de faire une seconde sémination trois à cinq jours après la première. On sait que les pucerons recherchent toujours les plantes les plus tendres et les plus jeunes; en procédant de cette manière, ils s'emparent des plantules de la seconde sémination, et, pendant ce temps, celles de la première se trouvent ménagées et prennent de la force. On préserve les récoltes des pucerons, en semant de bonne heure au printemps, et surtout en cultivant les plantes dans les terres riches, bien préparées, bien façonnées par les labours, les hersages, etc. ; de manière que les plantes se développent rapidement et avec vigueur, pour se soustraire le plus tôt possible à la rapacité de ces insectes.

Les *hannetons* et leurs *larves*, vulgairement appelés *vers blancs* ou *asticots*, sont extrêmement nuisibles à l'agriculture.

Les moyens suivants peuvent servir à les détruire :

1° Secouer les arbres où se trouvent les hannetons, surtout le matin, les rassembler, et les tuer avec de l'eau bouillante ;

2° Abandonner aux porcs, pendant quelque temps, les terres remplies de vers blancs.

Si l'on craint qu'il n'y ait des vers blancs dans un carré où l'on a mis des plantes que l'on veut préserver des ravages de ces insectes, on y repique quelques pieds de fraisier ou de laitue, parce que les vers blancs attaquent de préférence ces végétaux ; on examine de temps en temps l'état des plantes que nous venons de nommer ; on cherche au pied de celles qui se fanent, on y trouve le ver et on le détruit.

Chenilles. — Le plus sûr moyen de les détruire consiste à rechercher avec soin, en travaillant les arbres, les anneaux d'œufs qu'elles ont

déposés sur les branches; à couper celles-ci, afin
d'enlever les nids, et à les brûler; enfin, à détruire les chenilles éparses sur les plantes, ainsi
que les papillons, qui viennent y faire leur ponte.
Il faut aussi se borner à n'écarter que les oiseaux nuisibles, parce que les autres chassent
les chenilles et en font une grande destruction.

Fourmis. — On suspend aux arbres qu'elles
infestent, de petites bouteilles d'eau miellée, où
elles viennent se noyer, et l'on inonde leurs re-
paires d'eau bouillante.

Limaces, escargots. — Il faut donner la chasse
à ces sortes de mollusques, le matin et le soir,
dans le printemps et dans l'automne, lorsque le
temps est doux et qu'il pleut. On les détruit
aussi en plaçant de distance en distance de petits tas de son, les limaces s'y rassemblent, et
là on peut facilement les faire périr.

Frélons, guêpes. — On suspend en automne,
aux arbres chargés de fruits, de petites bouteilles ou fioles débouchées et remplies à moitié
d'eau miellée. Les frélons et les guêpes y entrent et s'y noient.

Petits insectes, punaises, kermès. — Il est difficile de les détruire; cependant, pour en déli-
vrer une plante précieuse, on la lave avec une

décoction de tabac ou avec l'eau préparée par M. Tatin, qui n'est pas chère.

On fait tremper les graines dans de l'eau chargée de suie, ou bien on les mêle avec de la fleur de soufre dans un vase qu'on tient fermé pendant trois jours, et l'odeur contractée empêche plusieurs insectes d'attaquer les semis au moment de la levée.

On détruit les kermès qui sont fortement collés contre les branches des arbres, en frottant ces dernières, de bas en haut, avec une brosse rude, ou, mieux, avec le dos de la lame d'une serpette.

On assure que les charançons, qui attaquent le blé, sont chassés par l'odeur de la corne brûlée et du sureau; celle de résine, de thérébenthine, de lavande, de camphre, éloignent les teignes.

CHAPITRE IX.

Récoltes. — Conservation des Grains.

Le moment de couper le blé est indiqué par la couleur de la paille de l'épi et par la consistance du grain; on ne doit cependant pas attendre qu'il soit durci dans sa balle, car, dans ce cas, par un temps chaud on court le risque d'en perdre la moitié.

Si l'on donne à moissonner à prix fait, il faut faire attention que le nombre des ouvriers soit proportionné à la récolte, et qu'elle puisse être levée dans le moins de temps possible.

Dans certaines contrées, les coupeurs conviennent avec le propriétaire d'abattre la moisson, de la conduire à l'aire (les voitures leur étant fournies), de la monter en gerbiers, de la battre, de la vanner, et de porter enfin le blé net dans le grenier. Ces ouvriers ne sont pas communément payés en argent; ils ont, par exemple, quatre hectolitres de grain sur vingt, c'est-à-dire que le propriétaire en a seize, et que les moissonneurs se partagent entre eux les quatre autres.

La plus mauvaise de toutes les méthodes est de nourrir et de payer à la journée, parce qu'alors les ouvriers ne sont jamais contents de la nourriture qu'on leur donne, ils mangent et boivent beaucoup, travaillent le moins qu'il leur est possible, puisqu'il est de leur intérêt que l'ouvrage soit de longue durée; pour peu qu'il survienne du mauvais temps, ils ne vont pas à l'ouvrage, et la gerbe pourrit sur le champ.

Avant de commencer la moisson , l'aire doit être rebattue à neuf ; les charrettes, les traits doivent être mis en état , ainsi que tous les outils nécessaires. Les propriétaires négligents paieront cher le manque d'attention sur les plus petits détails.

Les outils employés à moissonner varient dans leur forme, suivant les contrées.

De toutes les méthodes pour couper le blé , on doit préférer celle qui est suivie dans la Flandre française , dans le Hainaut , dans l'Artois, etc.; elle consiste à se servir de la faulx proprement dite, armée de ployons : c'est l'instrument le plus expéditif, celui qui égraine le moins l'épi, et qui coupe la paille le plus près de la terre.

Des Gerbiers momentanés.

Lorsque le blé est coupé et réuni en gerbes, on le laisse sur le champ quelque temps, afin que la chaleur dissipe l'humidité de l'épi.

S'il ne pleut pas, si le temps n'a pas été trop humide, enfin si toutes les circonstances sont favorables, les gerbes peuvent rester étendues sur le sol pendant un seul jour ; ensuite, on les rassemble en petits gerbiers. On peut encore, si l'on veut, les transporter dès le lendemain près de l'aire et les monter en grands gerbiers. L'opération du transport doit commencer dès la pointe du jour et finir à neuf ou dix heures, surtout lorsque la proximité du champ la facilite. Si, au contraire, le temps est humide ou pluvieux le jour de la moisson, il vaut mieux laisser les gerbes étendues sur le champ, les retourner soir et matin, et même les dresser, afin qu'étant mieux exposées à l'air, elles sèchent plus vite.

Si l'éloignement de l'aire ou de la grange ne permet pas un prompt transport, si l'on craint de nouvelles pluies, il faut prendre son parti et monter de petits gerbiers sur le champ même. On choisit pour leur emplacement, de distance en distance, la portion de terrain qui forme un petit monticule, s'il s'en rencontre : là, on met une gerbe droite, les épis en haut, et elle devient le point central; on range circulairement, et tout autour de la première, de nouvelles gerbes (toujours les épis en haut), mais inclinées contre le centre; ce qui forme un cône tronqué et assez large par le haut. Sur cette portion de cônes, on étend à plat de nouvelles gerbes, les

épis au centre, et on les recouvre avec trois ou
quatre autres gerbes entières et une ou deux dé-
liées, de manière que le cône devienne presque
parfait, et que les pailles se trouvent en recouvrement les unes sur les autres; les transver-
sales du second lit restent encore assez inclinées
pour garantir les inférieures de la pluie et porter les eaux au-delà de la circonférence du cône.
Le nombre de ces petits gerbiers est multiplié
suivant l'étendue du champ et l'abondance de
la récolte.

Autre Méthode.

Nous croyons devoir rappeler le moyen suivant,
qui a été constamment et généralement employé
depuis 1816 dans le département de la Seine-
Inférieure, pour préserver le blé de la germination, qui, trop souvent, est le résultat de
pluies survenues entre le moment où on le coupe
et celui où on peut le mettre en gerbes :

A mesure que le blé est coupé, prendre successivement, en plusieurs brassées, une quantité de tiges équivalente à cinq ou six gerbes du
poids de 45 kilogrammes ou environ, les mettre
debout, les lier au-dessous de l'épi avec quatre
ou cinq autres tiges, enfin les couvrir d'un

7

chapeau formé de deux autres brassées appliquées l'épi en bas, et qu'on assujettira avec un second lien plus fort que le premier.

A l'aide de ces précautions, qui ont du rapport avec ce qui se pratique pour le chanvre, la pluie ne fera que glisser le long des tiges, et alors même qu'elle aurait duré deux ou trois semaines, on pourra profiter du premier jour de beau temps pour mettre en gerbes, sans autre dommage qu'une légère altération, peut-être, de la paille, à la circonférence du *chapeau*.

Ce procédé, qu'il serait si important de voir se propager, a depuis longtemps remplacé l'usage des *javelles* dans le département de la Seine-Inférieure; il n'exige guère plus de main-d'œuvre, dans le cas même où un temps favorable permettrait de le négliger, et il en peut coûter beaucoup moins, si un temps contraire mettait les cultivateurs dans l'obligation de tourner et de retourner les *javelles*; il a, d'ailleurs, l'avantage de rendre la dépense de main-d'œuvre certainement utile, tandis que les *javelles*, quoique tournées et retournées, n'offrent plus, après plusieurs jours d'un temps humide, que du grain et de la paille avariés.

Une expérience de trente années a fait reconnaître :

1° Que le blé destiné à être mis en *villottes* (tel est le nom donné, dans la Seine-Inférieure, à la petite meule que nous avons essayé de décrire) peut être coupé avant son entière maturité; qu'une fois dans cette position, il achève de mûrir et profite encore dans une proportion plus remarquable que le blé resté en *javelles*;

2° Que sa couleur plus belle lui fait donner la préférence dans les marchés et lui assure un prix plus élevé de 2 francs au moins par sac de 200 kilogrammes (deux hectolitres et demi);

3° Que la *villotte*, dans les localités où elle est en usage, a procuré une plus grande valeur aux récoltes sur pied, par cela seul qu'elle garantit à l'acheteur la conservation de ce qui lui a été vendu;

Et 4° que, grâce à ce procédé, le grain s'échappe moins facilement de l'épi, et qu'il est, en outre, à l'abri des atteintes de la grêle.

Les cultivateurs qui ont adopté cet usage s'en sont si bien trouvés qu'ils l'ont étendu à la récolte des seigles et des avoines, et qu'ils le pratiquent même alors que l'état de l'atmosphère leur inspire le plus de sécurité. Enfin, il a été;

depuis 1817, concurremment avec un procédé indiqué par Mathieu de Dombasle, recommandé par M. le Ministre de l'Agriculture et du Commerce dans des circulaires adressées à MM. les Préfets, avec invitation de lui donner la plus grande publicité possible.

(Extrait du *Moniteur*.)

Des Gerbiers à demeure jusqu'au temps du battage.

Dans les départements du nord de la France, on renferme le grain en gerbes dans des granges ou sous des hangars spacieux.

Les habitants d'un lieu plus ou moins méridional, plus ou moins sec ou humide, dirigent leurs travaux en conséquence du climat : de là vient que les uns battent leur blé dans l'été, aussitôt après la moisson et sans interruption ; tandis que les autres en battent une partie dans l'été et une partie pendant l'hiver. Plus le grain reste dans les gerbes amoncelées, et mieux il se nourrit ; il sue peu à peu son humidité superflue, et il ne diminue pas autant de volume que le blé qu'on se hâte d'extraire des gerbes.

Soit que l'on batte aussitôt après la moisson, soit que l'opération soit différée, propriétaires, veillez vous-mêmes à la construction de vos gerbiers : votre fortune en dépend !

Du Sol sur lequel reposent les Gerbiers.

Les gerbiers doivent, autant que faire se peut et jusqu'à un certain point, environner l'aire; mais il est essentiel de laisser ouverts les deux côtés par où soufflent les vents dominants dans le pays, afin de vanner avec facilité. La place du gerbier sera nettoyée avant de le commencer, et tout autour régnera un petit fossé avec son écoulement; la terre qu'on en retirera servira à élever le sol; de cette manière, les eaux pluviales s'échapperont, n'imbiberont pas le terrain, et ne le rempliront pas d'humidité. Un autre moyen consiste à placer, de distance en distance, sur ce sol, des pièces de bois de quelques centimètres d'épaisseur, et ensuite à les couvrir avec des planches. La paille ou les gerbes ne toucheront point à la terre; il régnera sous ce plancher un courant d'air qui dissipera l'humidité, et les gerbes seront toujours au sec, quelque temps qu'il fasse.

Forme des Gerbiers.

Les gerbiers sont ordinairement de forme ronde, ou en carré long. Dans l'un et dans l'autre cas, la partie du milieu de la hauteur du gerbier est plus large que la base, et celle du sommet se termine en cône dans le premier, et en pyramide dans le second, de manière que la progression de la croissance et de la diminution soit la même.

Battage ou Dépicage.

Le battage est l'action de séparer le grain de l'épi, soit avec le fléau, soit en faisant fouler les gerbes par les pieds des animaux. Suivant la coutume des différentes contrées, on bat ou à l'aire, ou dans des lieux fermés; tout dépend de l'habitude, et chacune a ses avantages : la dernière méthode permet de battre pendant l'hiver, temps auquel les travailleurs sont moins occupés dans les pays où il y a peu ou point de vignobles à façonner.

L'aire doit être bien exposée au soleil et à tous les vents, afin que l'on puisse facilement

séparer la poussière d'avec le blé ; le sol doit
être dur et sec.

De la Conservation du Froment dans les greniers.

Il est dans l'ordre de la nature que toute
substance végétale, parvenue à sa maturité et
à sa perfection, tende à se décomposer, si
l'industrie humaine ne retarde pas ce dépéris-
sement.

Remuez souvent votre blé ; établissez le plus
qu'il vous sera possible de grands courants d'air
dans votre grenier. C'est en quoi consiste la
vraie méthode, surtout si vos greniers sont
construits comme il sera dit ci-après.

Des Fausses Teignes.

De tous les ennemis du froment, de l'orge,
de l'avoine et même du seigle, les plus redoutables sont les fausses teignes. Ce dangereux insecte est heureusement peu connu dans le nord
de la France ; il est plus multiplié dans les départements du centre, et il cause de grandes
pertes dans ceux du midi. Il commence dans

l'épi même encore sur pied ses ravages, qui se
continuent dans les gerbiers et se propagent
d'une manière désastreuse dans les greniers, car
il arrive quelquefois que des tas énormes de froment, échauffés intérieurement par la présence
de ces innombrables insectes, de leurs dépouilles
et de leurs excréments, entrent en fermentation,
tombent en dissolution, et sont entièrement
perdus pour le propriétaire.

Un meunier, qui fabrique de la farine pour
l'exportation, emploie le procédé suivant pour
se débarrasser du papillon de la fausse teigne,
à mesure qu'il sort du grain de blé :

Au printemps, il prend avec des filets l'oi-
seau appelé bergeronnette (*motacilla verna*);
aux mois d'août et de septembre, la bergeronnette jaune (*motacilla flava*). Ces oiseaux ne
vivent que de petits vers, de petits insectes. Il
met quinze à vingt de ces oiseaux dans ses greniers bien fermés; la seule attention à avoir est
de tenir perpétuellement de l'eau dans des augets, afin que les bergeronnettes puissent boire.
Dès qu'il paraît un papillon sur la surface du
blé, il est aussitôt mangé par les oiseaux; si un
charançon se montre au dehors, il éprouve le
même sort; les volatiles plongent avec activité

leurs becs afilés et longs dans le tas, pour chercher les insectes qui s'y cachent. Quand les bergeronnettes sont grasses, le meunier les mange,
et il en prend d'autres pour les remplacer.

Dans cette circonstance, on peut aussi se
servir du blutoir pour passer son grain : on le
rafraîchit par cette opération; on le sépare de la
quantité prodigieuse d'excréments d'insectes,
de leurs dépouilles, et des grains dévorés ou
entamés.

Des Causes intérieures du dépérissement des grains.

Si les pluies fréquentes ont avarié votre blé
lorsque les gerbes étaient encore dans les champs,
ou si l'on a été forcé, par les circonstances, de
moissonner avant que le grain eût acquis une
maturité convenable, comme cela arrive parfois dans les pays du Nord, le blé est à peu
près dans l'état où il se trouve lors de sa germination; il est, par conséquent, très-voisin de
la fermentation; pour peu que les circonstances
y concourent, ce grain renfermé humide dans
le grenier s'y échauffera et s'y détériorera.

Ce blé peu sec ou même germé, étant battu,

on l'exposera au-dessus d'un four; on le répandra sur le plancher, ou on le mettra sur des claies serrées. Il sera remué, de quart d'heure en quart d'heure, avec une pelle; on laissera une porte ou une fenêtre entr'ouverte pour donner issue à l'humidité.

Si l'on n'a pas de pièce au-dessus du four, on mettra ce grain dans le four même, quelque temps après que le pain en aura été retiré; on laissera la porte du four entr'ouverte, et l'on remuera le blé, de dix en dix minutes, avec de longues pelles ou des râteaux, pour faciliter l'évaporation de l'eau. On n'attendra pas que le blé soit parfaitement sec pour le sortir du four, car alors il serait trop desséché. Lorsqu'on le criblera, on aura l'attention de ne le mettre en sacs ou en tas que lorsqu'il sera bien refroidi; car, si on l'enfermait chaud, il retiendrait un peu d'humidité qui le ferait moisir.

Du grenier.

On ne doit jamais porter de blé dans un grenier sans en avoir auparavant balayé exactement le sol, ainsi que tous les murs et les plafonds. L'effet du balai est de détacher du mur les chrysalides et les insectes qui peuvent y être

attachés. Le cultivateur négligeant laisse les ordures dans un coin ; mais le propriétaire soi-
gneux les fait jeter dans le feu en sa présence.
Plus le grain sera resté longtemps dans sa balle
au gerbier, mieux il se conservera dans le grenier.

Un rang de carreaux placés de champ tout
autour du grenier et bien liés avec du plâtre ou
du mortier devient une bonne défense contre
les rats. Si la surface des murs intérieurs n'est
pas bien recrépie, elle sera repiquée et de nouveau recrépie avec du plâtre et du mortier, puis
tellement lissée qu'il n'y reste plus aucune fente,
aucune gerçure capable de servir de retraite
aux insectes. La même opération aura lieu pour
le plancher supérieur ou toit du grenier ; c'est-
à-dire qu'avec des lattes, du plâtre ou avec du
mortier, on fera une espèce de plafond.

Lorsque vous construirez un grenier, n'établissez pas de grandes fenêtres, ne les multipliez
pas : contentez-vous d'ouvrir des œils-de-bœuf,
à la distance d'un mètre les uns des autres, sur
tout le pourtour du grenier ; ils auront trente-
trois centimètres en largeur et en hauteur, et
seront garnis, en dehors du bâtiment, d'une
grille de fil de fer à mailles assez serrées pour

empêcher d'entrer les souris dans l'intérieur du bâtiment; ils seront fermés par un châssis recouvert de canevas sur lequel battra et reposera un contre-vent en bois. Enfin, vous placerez ces petites fenêtres au niveau du carrelage du grenier.

Vous serez assuré, par ces moyens bien simples, d'empêcher l'entrée des charançons, des fausses teignes, parce que le canevas s'y opposera. J'ai vu non pas une fois, mais vingt fois, ces insectes accourir des champs dans le grenier, et chercher à s'insinuer du dehors au dedans à travers les fils du canevas, ce qu'ils font sans peine lorsque ces fils sont trop espacés. Il faut donc un canevas assez serré, et cependant pas trop, afin que l'air puisse se renouveler facilement dans le grenier; la toile ordinaire est trop serrée et ne vaut rien pour cet objet.

Récolte et conservation des graines.

Les graines qui se détachent d'elles-mêmes de la plante demandent à être cueillies à leur parfaite maturité, par un beau jour et en plein soleil. Quelques-unes, cependant, sont si fugaces et se détachent si aisément qu'il faut couper la plante un peu avant la maturité; autrement la silique, la capsule, le cône, etc., s'ouvrant par un mouvement très-élastique, chassent au loin la semence qu'ils renferment.

Quant aux graines qu'on est forcé de recueillir séparément, on fera très-bien d'enfermer chaque espèce dans un sac étiqueté, mais non suivant la coutume ordinaire des jardiniers, qui mettent les nouvelles graines sur les anciennes. Il vaut mieux avoir deux et même trois petits sacs pour la même espèce; l'année de chaque graine sera désignée sur l'étiquette, sauf à changer cette dernière au besoin.

CHAPITRE X.

Principales espèces potagères; leur culture. — Plantes médicinales. — Fleurs.

Pomme de terre et topinambour.

Pomme de terre. — Sa culture peut être naturelle ou forcée; dans ce dernier cas, on doit choisir la plus précoce, comme la marjolin. On la plante vers le milieu de janvier, en la recouvrant de quelques centimètres de terre, et l'on a soin de tenir le tout sous l'influence d'une température chaude. On transplante sur couche, en février, et l'on a des tubercules bons en mars et en avril. On arrose plus ou moins fortement, à mesure qu'on en remarque la nécessité. Par des moyens semblables, on peut faire deux et même trois récoltes dans le courant de la même année.

La pomme de terre faisant essentiellement partie de la grande culture, occupe ordinairement peu de place dans les jardins potagers, où parfois elle est moins savoureuse que celle des champs, dont le sol est moins fumé. Si l'on tient à avoir des pommes de terre pendant tout l'hiver, on doit accorder la préférence à la jaune plate de Hollande, à la violette de Paris et à la corne-de-chèvre de Paris. Poiteau mentionne la pomme de terre des Cordilières, dont la chair a une couleur jaune, et la pomme de terre haricot, très-petite, comme l'indique son nom, et que l'on peut employer entière dans les ragoûts. Dans la culture jardinière ordinaire, on plante en mars, et l'on met sur le sol, au-dessus de chaque pomme de terre, une poignée de litière pour préserver les pousses des gelées qui peuvent survenir lorsque les premiers jets sortent de terre.

On a aussi conseillé de semer les pommes

de terre en août, et de les mettre à l'abri de la gelée, après la destruction des tiges, avec de la litière; on récolte alors en mars ou avril.

Plus les sarclages et les binages seront nombreux, mieux cela vaudra pour la plante.

Il paraît démontré que, si l'on sème de gros tubercules, on aura plus de produits sur une étendue donnée qu'avec de petits ou des parties de racines.

Topinambour. — Le topinambour, qui est appelé sans aucun doute, à rendre de grands services à l'agriculture, dans les pays pauvres principalement, n'a d'abord été cultivé que dans quelques coins de jardin, où, abandonné à lui-même, il n'a pu donner d'abondants produits; si la culture en était bien soignée, il rapporterait plus que la pomme de terre; il diffère de celle-ci par le goût. Il est très-nourrissant. On le sème en février ou en mars, et, comme il ne redoute pas la gelée, quoiqu'il soit originaire du Brésil, on a l'avantage de pouvoir faire la récolte à mesure du besoin.

Le topinambour a quelques rapports, pour la saveur, avec l'artichaut; mais il est généralement plus fade. On le voit souvent exposé sur les marchés de la Provence, où on le vend de

dix à quinze centimes le kilogramme. Il paraît
que le topinambour, coupé par tranches et ma-
céré pendant vingt-quatre heures dans de l'eau
renfermant un peu d'alcali, comme chaux,
soude ou potasse, est d'un bien meilleur goût
pour la consommation. L'alcali forme un savon
avec l'huile de topinambour.

Carotte, betterave, navet, salsifis, scorsonère, radis, céleri-rave.

Carotte. — Pour la carotte, dit Mathieu de
Dombasle, de même que pour les oignons, poi-
reaux et laitues, on ne doit jamais manquer de
piétiner ou plomber le sol sur toute la surface,
immédiatement après la semaille. Cette opération, que ne néglige jamais un jardinier expé-
rimenté, se fait en marchant de côté, le long de
la planche, afin de laisser une trace complètement piétinée sur une largeur égale à la longueur des pieds de l'ouvrier; on fait ensuite
une autre trace à côté de celle-ci, et ainsi de
suite, jusqu'à ce que la planche entière soit couverte de l'empreinte des semelles. Pour faire
cette opération, il est nécessaire que la terre ne
soit pas trop humide.

La carotte est excellente pour la nourriture

des animaux ; mais elle est en même temps une précieuse ressource alimentaire pour les hommes, et lorsqu'on a des terres convenables, c'est-à-dire douces, profondes et bien ameublies, on devrait ne pas se contenter de la cultiver dans les jardins. Comme la betterave, elle n'aime pas une fumure récente.

On connaît un très-grand nombre de variétés de carottes qui toutes tiennent à deux souches principales, la rouge et la blanche. Parmi les premières, on distingue la rouge longue et la printanière, qui a la forme d'une toupie. Parmi les variétés blanches, M. de Dombasle recommande surtout celle des Vosges, qui, en effet, a d'excellentes qualités; la blanche de Breteuil est aussi très-estimée. La carotte à collet vert est beaucoup moins sucrée et moins savoureuse; mais, comme elle réussit assez facilement, et qu'elle donne des produits abondants, c'est celle qui est cultivée de préférence en France comme plante fourragère.

Pour la culture proprement dite de la carotte, on doit avoir égard aux points suivants : 1º si l'on sème de la graine de deux ans, de bisannuelle la plante devient annuelle et monte avant la fin de l'année; il faut donc, autant que possible, récolter soi-même sa graine; 2° si on le peut, il est bon de donner à la terre deux labours énergiques; 3° il est utile de semer suffisamment épais, sauf à éclaircir de bonne heure, pour que les jeunes plantes ne se nuisent pas pendant leur première végétation. Sous le climat de Paris, nous dit la *Maison rustique*, on peut, dans les années ordinaires, semer en août des carottes que l'on mange alors de très-bonne heure au printemps.

La carotte jaune a à craindre les araignées, et avant l'arrachage les vers y nuisent souvent beaucoup. On conserve cette racine comme la betterave, dans des silos et des celliers; mais elle est d'une garde moins facile que la plante que nous venons de nommer, et si l'on y laisse pousser des rejets elle perd de sa qualité. Certains horticulteurs, pour obtenir de la graine, préfèrent planter leurs racines avant l'hiver; seulement, ils les couvrent pendant les fortes gelées. Les porte-graines doivent être choisis parmi les carottes les plus belles et les plus saines. Pour conserver une variété bien pure, on ne recueille de la graine que sur les principales ombelles de chaque tige.

Betterave. — Pour cultiver la betterave dans

un jardin, on sème à la volée, fort clair, et l'on couvre peu; on éclaircit le jeune plant. Dans les potagers, on peut mélanger avec les betteraves, dont la racine grossit beaucoup, des plantes qui s'élèvent assez haut et qui occupent peu de terrain. La betterave, aujourd'hui, figure peu dans les jardins; on la cultive généralement dans les champs, pour la nourriture des bestiaux et pour en tirer du sucre.

Navet. — Les meilleures espèces de navet sont le navet des Vertus, qui est blanc et d'excellente qualité; le navet des Sablons, le navet rose du Palatinat, le frenèse, le navet jaune de Hollande; le navet d'Écosse, plus rustique que celui de Hollande; le navet noir d'Alsace.

Les principaux semis de navet se font de mai à septembre; à cette dernière époque, il faut ne chercher à obtenir que des espèces hâtives; il est nécessaire que la graine ait au moins deux ans. Pour toute espèce de semis, il est important de faire en sorte que la terre soit douce ou légère et fraîchement labourée. Comme on le pense bien, les sarclages et les éclaircissements sont indispensables.

En Angleterre on emploie beaucoup, sous le nom de *turnip tops*, les pousses vertes des navets qui ont monté; elles sont encore plus tendres si elles ont blanchi à la cave. Les navets se conservent en silos, en celliers; sous certains climats doux, comme celui de l'Angleterre, on n'est pas même forcé de les rentrer. Le navet, par cela même qu'il est très-commun, n'offre pas de grands bénéfices dans la culture jardinière.

Salsifis. — Le terrain dans lequel on sème les salsifis doit être meuble, profond et assez frais. On peut semer depuis mars jusqu'en septembre, en ayant soin d'arroser jusqu'à l'apparition du jeune plant. Le salsifis n'est point sensible au froid, et il n'est pas nécessaire de le couvrir pendant l'hiver.

La *scorsonère* est une sorte de salsifis dont la racine, plus grosse, a une écorce noire; elle demande plus d'engrais et de chaleur. Ce n'est guère que la seconde année que cette plante doit être mangée. La scorsonère monte promptement en graine, mais la racine n'en est pas moins bonne.

Radis. — Tout le monde connaît le radis, dont on fait une si grande consommation sur toutes les tables, principalement au printemps. Les deux variétés les plus connues sont le rose demi-long de Metz, et le rose commun ou ordinaire.

Le radis aime un sol bien fumé, une sorte de terreau, ou bien une couche; si on le place en pleine terre, il pousse moins vite, et, pour peu qu'il fasse sec, il est déjà dur lorsqu'on doit le manger. Le sol a besoin d'être piétiné avant la semaille, et s'il est possible, on choisit une plate-bande à bonne exposition. En Angleterre, on tire partie des feuilles et des graines du radis. Les premières sont mangées comme le cresson, et les secondes en guise de câpres.

Céleri-rave. — On distingue deux espèces principales de céleri : l'une, dont nous parlerons plus loin, donne ses produits en feuilles, et l'autre en racines; ce dernier porte le nom de céleri-rave. C'est un bon légume, qui veut une terre fraîche et assez profonde; l'irrigation y est favorable. Le plant est généralement meilleur lorsqu'il vient en pleine terre que lorsqu'il a poussé sur couche. On repique, dit le *Bon Jardinier*, au commencement de juin, à une distance de quarante ou cinquante centimètres, après avoir retranché les grandes feuilles et toutes les racines latérales. Dans la pratique allemande, on déchausse la plante à chaque binage; les ra-

cines se conservent en terre jusqu'à une époque
assez avancée dans l'hiver.

Oignon, ail, échalote, ciboule, poireau.

Oignon. — Les deux principales variétés d'oignon cultivées dans les jardins sont le rouge
et le pâle. Le rouge est le plus agréable au
goût. Le pâle se conserve plus longtemps.

Le terrain le plus convenable aux oignons est
une terre assez forte, qui ait été fumée l'année
précédente. Quelques personnes prétendent qu'il
ne faut pas fumer les oignons en les plantant.
On peut semer en août et repiquer en octobre;
on peut semer en automne et repiquer en février; dans ces deux cas, il faut une bonne couverture de fumier, et même la gelée est encore
à craindre. Plus ordinairement on sème en
mars, par planches, cent grammes par are; on
recouvre le semis d'une légère couche de terreau, où on le trépigne; la graine lève trois semaines après; on sarcle ensuite; en juin, on
éclaircit et on laisse dix centimètres de distance
entre chaque plant. Lorsque l'oignon a atteint
une certaine grosseur, on brise les fanes et l'on

dégage les bulbes, afin de les faire augmenter de volume et mûrir.

Ail. — On multiplie l'ail par ses gousses, qu'on sème en novembre ou en mars à environ huit centimètres de profondeur et à douze de distance. En juin, quand les feuilles sont sèches, au arrache les bulbes.

Echalote. — L'échalote se cultive comme l'ail; cependant il faut moins l'enfoncer en terre. La croissance de l'échalote est fort rapide; on la récolte ne commencement de l'été.

Ciboule. — La ciboule annuelle croît fort vite, et l'on peut en faire des semis depuis mars jusqu'en septembre. La ciboule vivace se cultive ordinairement en bordure; elle ne produit pas de graine, et se multiplie par ses caïeux, que l'on sépare en écartant les touffes en automne et au printemps.

Poireau. — Le poireau se sème clair, en mars; on le repique en juin, à l'aide du plantoir, en espaçant de quinze centimètres, et on l'enfonce profondément. On l'arrose assez souvent; et l'on rogne ses feuilles deux ou trois fois pendant l'été.

Artichaut, Chou-fleur.

Artichaut. — L'artichaut est aussi un des légumes les plus connus ; mais, pour sa réussite, il exige beaucoup de soins, excepté dans le Midi, où il pousse, pour ainsi dire, sans avoir besoin d'être cultivé.

La reproduction par œilletons est d'autant plus facile qu'un seul pied en fournit une quantité très considérable. Le rédacteur de la *Maison rustique* conseille de ne laisser trois œilletons à la plante mère que dans le cas où celle-ci serait très-forte ; mais deux valent mieux, en général, car il est plus utile d'avoir de beaux produits que des produits nombreux.

Pour détacher les œilletons, on les tire de haut en bas ; on y laisse un talon. On doit choisir ceux qui sont sains, droits et charnus, et rejeter ceux qui ont des feuilles coriaces. Un sol neuf ne convient pas à l'artichaut ; il préfère être planté au printemps qu'à l'automne. La distance entre chaque plant doit être de soixante-quinze à quatre-vingts centimètres ; on a ainsi plus de mille pieds par hectare. Le défoncement est une opération préalable très-utile, et

les arrosages ne doivent pas être oubliés. Relativement à ses produits, l'artichaut offre l'a-
vantage de les fournir successivement.

Si l'on avait beaucoup de pommes d'artichaut
quand les gelées arrivent, il faudrait couper les
tiges de toute leur longueur et les planter dans
la serre à légumes; les pommes s'y conserve-
raient longtemps.

A l'approche des gelées, on coupe les plus
grandes feuilles à 32 cent. du sol; puis on ra-
masse, on amoncelle la terre autour des plantes,
sans en mettre sur le cœur : c'est ce qu'on appelle butter. Quand il commence à geler, on
couvre chaque touffe avec des feuilles sèches
ou de la litière, que l'on ôte dans les temps doux
pour éviter la pourriture, et que l'on remet
quand le froid reprend; pour cette opération, il
ne faut pas se servir de fumier. Vers la fin de
mars, on enlève la couverture, et l'on donne
un bon labour en détruisant les buttes.

Chou-fleur.—Le Chou-fleur aime l'humidité
et une terre riche, mais non d'une consistance
trop forte. Le dur, surtout, craint les chaleurs
de l'été. Avec des soins, cependant, on peut avoir
des choux-fleurs dans toutes les saisons. On les
cultive pendant l'hiver de la manière suivante :

7*

On sème sur le terreau d'une vieille couche, en septembre; on met sous cloche lorsque les froids arrivent, et l'on s'applique à empêcher le plant de geler, sans cependant le priver d'air de façon qu'il s'étiole. On met ensuite en place, dans le courant de mars, à une distance de soixante à soixante-cinq centimètres. C'est sur ces plants-là que l'on récolte ordinairement la graine. Pour avoir des choux-fleurs pendant l'été, on sème à la fin de janvier ou au commencement de février, sur couche chaude; on repique trois semaines après sur une autre couche, puis on met en pleine terre en avril. Si l'on veut avoir des choux-fleurs d'automne, le semis, le plus ordinairement, a lieu vers le 15 juin, sur plate-bande terreautée et à l'ombre; puis on met en place en juillet.

Melon, Potiron ou Citrouille.

Melon. — Le melon est une des plantes les plus estimées, dans le Nord surtout, où il ne vient, même sur une couche ordinaire, qu'à une certaine latitude; il est originaire d'Asie. On en distingue un très-grand nombre de variétés, qui, se confondant chaque jour les unes avec les autres, font que la classification en est fort difficile.

On peut en former cependant, selon Vilmorin, trois groupes principaux : 1° celui des melons communs ou brodés ; 2° celui des cantaloups; 3° celui des melons à écorce unie, mince et à grandes graines. Les premiers sont regardés comme les plus fiévreux de tous à l'arrière-saison. Le sucrin à chaire blanche et l'ananas à chair verte des Etats-Unis sont les plus estimés de ce groupe. Parmi les cantaloups, l'orange et le fin hâtif sont les plus précoces ; mais le dernier est le plus petit. Pour le courant de la saison, le prescott est le plus estimé à Paris. Parmi les variétés de la troisième race, on distingue le melon de Malte, à chair blanche ou à chair rouge, et les divers melons d'hiver connus sous le nom de melons d'eau, quoique ce nom appartienne plus spécialement à la pastèque. Ces melons, dit la *Maison rustique*, ont l'avantage de se conserver très-facilement et de n'être pas fiévreux comme les autres. Dans la Provence, les enfants en mangent des quantités illimitées; et les Provençaux disent proverbialement que c'est plutôt boire que manger.

On commence à semer en janvier ou février, sur couche; on recouvre le châssis de paillassons après le semis ; puis, lorsque les graines

sont levées, on habitue peu à peu ces végétaux
à la lumière, en soulevant les paillassons. On
transporte ensuite les plants en pots, sur une
nouvelle couche semblable à la première, qui
n'est plus assez chaude. Lorsque ce végétal a
poussé sa quatrième feuille, on l'étête au-dessus
de la seconde, afin de favoriser le développement des bourgeons. En continuant le pince-
ment, on arrive au troisième degré de ramifications, que l'on dépasse rarement. A mesure
que les fleurs femelles se développent, on pince
la branche qui les porte, et l'on supprime celles
qui n'ont pas de fleurs mâles. On réduit aussi
le nombre des fruits à deux ou trois sur chaque
pied. Plus tard la taille ne consiste plus qu'à
supprimer les branches faibles et surabondan-
tes. Le *Bon Jardinier* conseille aussi de ne faire
que deux tailles, surtout pour les melons de
cloche et pour les grosses espèces.

Les semis de la seconde saison se font en mars
et en avril. La méthode la plus usuelle dans
les jardins ordinaires est de semer en mai, sur
couche sourde ; on met sous chaque cloche plusieurs graines, afin de ne conserver ensuite que
le plant le plus vigoureux. Pour empêcher que
les melons ne pourrissent à l'arrière-saison, on

a soin de les séparer du sol par une pierre ou
du bois. Les melons sont d'une réussite bien
plus assurée quand ils ont d'abord acquis une
certaine force sur les couches. En Provence, on
les conserve enveloppés de paille et suspendus
à des clous à crochet. En Suisse, on se contente
de mettre les melons dans des caisses, sans qu'ils
touchent les parois de celles-ci, ni qu'ils se touchent eux-mêmes ; tous les vides et le fond des
caisses sont remplis par des feuilles de pêcher.
Dans le Midi, on pourrait se servir de feuilles
d'amandier. En Italie, on conserve les melons
dans des cendres bien tamisées et bien sèches.

Les *potirons* ou *citrouilles*, dont on cultive
des étendues considérables dans le Midi et
l'Ouest, ne sont pas appréciés à leur juste valeur dans le Nord et le Nord-Est, excepté en Alsace, où l'on en trouve une assez grande quantité ; mais si l'on en voit en Lorraine, ce n'est
que par exception.

Cette plante, utile à l'homme, est fort avantageuse pour la nourriture des animaux et surtout des porcs. Nous connaissons plus d'un propriétaire qui nourrit un bon nombre de ces animaux jusqu'à un point assez avancé de leur engraissement, en grande partie avec des potirons.

Disons, du reste, que cette plante est peu exigeante, et qu'il n'est pas rare que certaines
espèces atteignent un poids de 150 kilogrammes.
Pourvu qu'on mette un peu d'engrais à son
pied, le potiron réussit très-facilement, et rapporte un revenu très-satisfaisant.

L'espèce la plus cultivée dans les environs de
Paris est la grosse citrouille jaune d'Amérique.
La boule de Siam se conserve plus longtemps.
Dans le Midi, on cultive surtout les *courges*.
Le *giraumont*, dit aussi *bonnet-turc* ou *girau-
mont-turban*, est la variété de potiron qui a la
plus petite taille. Dans ces derniers temps, on
a aussi parlé du potiron de Corfou. Si l'on veut
hâter la végétation des citrouilles, on peut les
semer d'abord en pot, en mars, pour ensuite les
mettre en pleine terre.

Fèves, Haricots, Lentilles, Pois.

Fèves.—Les espèces de fèves les plus grosses
sont la fève ordinaire et la fève de Windsor.
Parmi les petites, on distingue la naine rouge,
la naine hâtive, la fève violette, et celle à longue
cosse, qui, pour cette raison, comme le dit Vilmorin, peut mériter la préférence. Les fèves se

plaisent dans un sol substantiel et un peu humide ; on les sème en rayons , à la profondeur de huit à douze centimètres ; on peut semer pendant tout le printemps ; il est utile aussi d'en pincer le sommet lorsqu'elles sont en fleur, pour les faire mieux grainer.

Haricots.—On connait un très-grand nombre de variétés de haricots , parmi lesquels on peut citer , en première ligne , comme pouvant être consommés ou conservés verts : 1° le nain de Hollande , en grande réputation près des jardiniers de Paris ; 2° le nègre de Touraine , moins précoce ; 3° le nain du Canada ou d'Amérique , qui est sans filaments ; 4° le haricot suisse , qui a plusieurs variétés ; 5° le noir de Belgique, qui est extrêmement précoce. Le soissons , le sobre , le blanc d'Espagne et le flageolet sont ceux que l'on cultive généralement pour les écosser, et qui ont besoin de rames. Celui d'Espagne, que l'on dit vivace si l'on en préserve la racine du froid , est difficile à réussir ; le flageolet est plus recherché pour être mangé en grains verts. Le *Bon Jardinier* cite le *haricot pédame* comme étant un mange-tout par excellence , même lorsqu'il est sur le point d'accomplir sa maturité.

Comme les haricots sont extrêmement sensibles aux moindres gelées, il ne faut les semer qu'à l'époque où le froid n'est plus à craindre. Ces semis peuvent se renouveler pendant le reste du printemps et la moitié de l'été. Les haricots aiment une terre légère, assez bien fumée.

On récolte le haricot pour le manger ou en vert avec ses gousses, ou tendre sans gousses, ou enfin sec.

Lentilles. — Dans le Midi, on peut semer les lentilles en automne ; mais dans le reste de la France on sème au commencement d'avril. On sème soit à la volée, soit en rayons ; dans ce second cas, on sarcle. Comme les lentilles n'exigent pas de soins et qu'on ne les mange que sèches, on les cultive dans les champs comme dans les jardins.

Pois. — On connaît un très-grand nombre de variétés de pois, se distinguant ou par leur forme, ou par le mode de consommation de leurs produits. On peut en former deux sections principales : la première se compose des pois dont on ne mange que la graine ; la seconde, des pois sans parenchyme intérieur, et que, pour cette raison, on appelle mange-tout.

Les premiers se cultivent avec ou sans rames. Parmi les derniers, on distingue les pois nains de Bretagne, de Hollande, de Prusse, etc. Ils sont assez peu productifs, et, comme les autres, d'un assez faible revenu dans le jardinage; mais les pois sont peu exigeants, et, pour cette raison, cultivés en assez grande quantité; quoiqu'ils garnissent peu la bourse. Parmi les pois à rames, on peut citer surtout le pois Michaux de Hollande et ses variétés; le prince Albert, très-précoce, qui, à la rigueur, peut se passer de rames, si on le pince; le petit pois de Paris, précoce aussi; le carré fin, tardif; et le ridé tardif, d'excellente qualité.

Au nombre des pois mange-tout ou sans parenchyme à l'intérieur, on peut recommander le nain hâtif, le nain ordinaire en éventail, le nain à grosses cosses, le géant, etc., etc.

Les pois n'aiment pas plus que les haricots, un sol humide, quoiqu'ils le redoutent moins; on sème presque toujours en lignes. Pour les primeurs, on choisit de préférence les plates-bandes exposées au midi; les semis peuvent commencer en novembre et continuer jusqu'en mars; c'est cette dernière époque que l'on choisit pour tous les pois dont on veut recueillir la graine.

Selon M. Tamponet, jardinier de Paris, les pois plantés sont bien plus précoces que ceux qui sont semés en place ; il paraît que l'insecte appelé bruche-de-bois attaque de préférence les pois printaniers.

Oseille, Epinard, Céleri, Chicorée, Pourpier, Cardon, Laitue, Asperge.

Oseille. — L'oseille, que l'on cultive assez ordinairement en bordures, est d'un grand usage dans la cuisine ; mélangée aux épinards, elle leur cède avec avantage une partie de son acidité. Toutes les espèces, comme, par exemple, l'oseille dite de Belleville ou la grande oseille, n'ont pas cette acidité si marquée de l'oseille commune. Dans les jardins de peu d'importance, on sème l'oseille à la volée en automne, ou bien encore, mais c'est plus long, on la reproduit d'éclat ; par ce dernier moyen on est sûr de multiplier l'espèce généralement préférée à cause de son goût : je veux dire *l'oseille vierge, dont les feuilles sont peu acides.*

L'oseille vient bien sur presque tous les sols ; mais on doit, afin d'éviter l'acidité, qui serait trop grande pendant l'été, semer à l'ombre ou au nord.

Epinard. — Les épinards nous viennent d'Asie, et sont connus partout aujourd'hui : on distingue l'épinard commun et l'épinard de Hollande ; ce dernier est le préféré. On sème depuis décembre jusqu'en octobre ; mais, dans le premier cas, c'est sur couche avant d'autres légumes. Après avoir fait une première récolte en coupant à quelques centimètres au-dessus de terre, on arrose si on veut obtenir de nouveaux produits ; s'il fait trop sec cependant, la plante monte, et alors il vaut mieux, immédiatement après la première récolte, cultiver un autre végétal.

On doit citer aussi, comme pouvant être employée en guise d'épinard, la *claitone*, qui se coupe plusieurs fois dans l'année, et la *morelle*, que l'on traite comme mauvaise herbe dans les jardins. On fait un très-grand usage de cette dernière dans les îles de France et de Bourbon.

Céleri. — Nous avons déjà parlé du céleri-rave, qui se mange cuit. Les autres variétés principales, qui ont un usage différent, sont : le céleri gros violet de Tours, qui s'emploie en salade ; le plein blanc, le céleri turc ou de Prusse, le plein rose, le nain frisé, et le céleri à couper. Tous se multiplient par la graine, et on les met

en place après les avoir fait pousser sur couche
et les avoir transplantés une première fois. Il
faut mettre le céleri dans une terre neuve ou
défoncée, car dans ces conditions il acquiert un
meilleur goût. Dans les terres légères et sèches,
on creuse ordinairement les planches, afin de
pouvoir butter le céleri; dans tous les cas, lorsque cette dernière opération s'effectue, il vaut
mieux se servir de terre que de fumier, et on
doit avoir soin aussi de couper l'extrémité des
feuilles qui dépassent la terre, pour qu'il n'y
monte plus de sève. En moins d'un mois, le céleri est blanchi.

Chicorée. — Les variétés préférées sont : la
grande blanche, qui est la plus tendre et la plus
délicate; la verte, la plus rustique et la plus petite, frisée ou non. On connaît aussi la scarole
grande, ronde ou blonde. Ces diverses variétés
se sèment sur couche ou en pleine terre.

Les chicorées ordinaires, semées sur couche,
assez clair, en avril et mai, sont repiquées lorsqu'elles sont grosses à peu près comme le doigt.
La distance entre les pieds varie entre vingt-
cinq et trente centimètres. On arrose lorsque le
besoin s'en fait sentir, et l'on augmente la quantité d'eau à mesure que la grosseur de la plante

le demande ou que la sécheresse l'exige. On lie lorsque le cœur commence à blanchir. Pour les faire blanchir plus tôt, il suffit de les priver d'air, en les plaçant sous des pots à fonds étroits et entourés de fumier chaud. Lorsque la saison est plus avancée, on peut semer en pleine terre, pour en avoir en septembre; on sème surtout en juin et juillet. On peut conserver la chicorée pendant l'hiver à la cave, dans du sable, en disposant les pieds en rayons.

Pourpier. — Le pourpier est une plante que l'on mange en salade comme la précédente. Elle se sème sur couche ou en pleine terre; dans le premier cas, on sème depuis janvier jusqu'en mars; dans le second, en mai seulement et jusqu'en août. On recouvre d'un peu de terreau, et on arrose légèrement, le plus souvent possible, jusqu'à la levée. On fait plusieurs coupes.

Cardon. — Parmi les cardons, on distingue surtout celui de Tours, dont les côtes sont pleines et épaisses; celui d'Espagne, sans épines; et le cardon à côtes rouges et larges, introduit depuis peu dans la culture. M. Vilmorin donne le cardon de Tours comme meilleur que celui d'Espagne; mais il préfère les autres variétés au premier, dont les feuilles sont armées de trop

forts et trop nombreux piquants. L'auteur du
Bon Jardinier, en même temps, vante beaucoup
le cardon de Puvis, très-connu dans les environs
de Bourg et de Lyon. La méthode de culture la
plus usitée consiste à semer en mai, dans des
trous éloignés d'environ un mètre et garnis de
terreau.

Les plants sont ensuite traités comme ceux
d'artichaut, sauf qu'on arrose plus fréquemment. On fait blanchir les feuilles en les rap-
prochant et les liant; cela dure environ trois semaines. On conserve en cave, pour la provision
d'hiver, les cardons enlevés en motte.

Laitue. — La laitue est une des plantes les
plus utiles des jardins; elle est de printemps,
d'été et d'hiver. Parmi les laitues de printemps,
on distingue la petite *noire* et la *gotte*, qui servent principalement pour les plantations sous
cloches ou châssis, quoiqu'on les mette aussi
en pleine terre. Celles d'été sont grises, rouges,
vertes, hâtives, etc. La *romaine* est aussi une
des plus remarquables. On en connaît une foule
de variétés, parmi lesquelles on peut citer la
blonde maraîchère, la plus cultivée à Paris; la
monstrueuse, la *panachée*, et la *romaine à
feuilles d'artichaut*; cette dernière est fort re-

commandée par Mathieu de Dombasle. Les laitues, en général, pourraient se diviser, d'après
leur forme, en *laitues pommées* et en *laitues romaines* ou *chicons*. Parmi les laitues d'hiver on
distingue la laitue *de la passion*, ainsi appelée
parce qu'elle pomme vers la semaine sainte : elle
n'est pas tendre, mais très-rustique; la *marine*,
plus verte que la passion.

Les laitues précoces se sèment en mars, dans
des conditions propices, sur couche ou terreau,
et se repiquent en avril; ou bien, encore, on les
sème en place avec d'autres légumes. Les laitues d'été semées aussi en mars donnent des produits jusqu'en juillet; les laitues d'hiver se sèment depuis la mi-août jusqu'à la mi-septembre.
La culture des romaines ne diffère, à vrai dire,
de celles des pommées, que parce que les premières veulent être liées.

Asperge.—L'asperge se multiplie de graine;
on la sème en octobre ou en mars; on laisse les
jeunes plants pendant une ou deux années dans
le lieu de leur naissance, afin qu'ils se fortifient,
en ayant soin de sarcler aussi souvent qu'il est
nécessaire, et d'arroser pendant les grandes chaleurs. Après leur première année, les griffes
sont souvent assez développées pour être arra-

chées et mises en place ; on peut donc alors les
extraire de terre et les replanter à la fin de mars
et pendant tout le mois d'avril. Le terrain doit
être disposé en planches creuses, défoncées à
trente ou quarante centimètres, et garnies de
six à huit centimètres de terreau dans le fond.
A l'automne, pendant trois ou quatre ans, l'on
répand sur la plantation une partie de la terre
enlevée, et ce n'est qu'après ce laps de temps
que l'on commence ordinairement à couper les
asperges. Les griffes d'asperge se placent à trente
ou quarante centimètres; et l'on a soin de remplacer, au printemps suivant, toutes celles qui
manquent. Lorsqu'on commence à couper, on
doit avoir soin de ménager les sujets, en laissant pousser les plants trops faibles. Pour le
même motif, il ne faut pas couper trop tard
dans la saison. Avec de sages précautions, si l'on
a établi ses asperges sur un bon sol, elles peuvent donner des produits pendant quinze ans.
Les asperges de Strasbourg, de Hollande, de Be-
sançon, jouissent d'une bonne réputation. Quelques-uns conseillent, pour avoir des asperges
d'un gros volume, de couvrir la partie qui sort
du sol d'un tube fixé en terre par trois fils de fer
et percé de trous au tiers de sa hauteur; ce pro-

cédé aide au développement de la tige, qui devient beaucoup plus belle et plus tendre.

Chou, Chou-Rave, Persil, Cerfeuil.

CHOU. — On en distingue plusieurs races principales, savoir :

Les choux cabus ou pommés, les choux de Milan pommés, généralement d'un vert foncé ; les choux verts ou sans tête, qui peuvent durer trois ans et plus ; ceux à racine ou à tige charnue ; enfin, les choux-fleurs.

Chou pommé ou Cabus. — Ses variétés principales, suivant l'ordre de leur précocité, sont : le *chou d'Yorck*, à petite pomme allongée, très-précoce et très-estimé ; le *gros chou d'Yorck*, dont la tête acquiert plus de volume et se forme un peu moins vite ; le *chou hâtif, en pain de sucre* ; le *chou cœur-de-bœuf.*

Gros chou cabus blanc, ou *chou pommé.* — Celui-ci offre le plus grand nombre de variétés ; voici les meilleures et les plus généralement connues : *chou de Saint-Denis*, ou *chou blanc de Bonneuil* ; *chou cabus d'Alsace* ; *chou conique de Poméranie* ; *gros chou d'Allemagne* ou *chou quintal* ; *chou de Hollande à pied court*, de moyenne grosseur; *gros chou cabus de Hollande; chou verni* ou *glacé.*

Chou pommé rouge. — Le chou rouge est regardé comme très-pectoral, et fréquemment employé comme tel en médecine.

Tous les gros choux cabus servent à faire la choucroûte, lorsque leurs pommes sont pleines et serrées.

On sème les choux cabus à plusieurs époques : 1° de la mi-août au commencement de septembre ; les choux d'Yorck et autres petits hâtifs, pas avant la fin d'août. Ces derniers sont replantés en place en octobre ; les grosses espèces peuvent l'être dans le même temps, ou bien repiquées en pépinière, pour être plantées à demeure en février et en mars, à la distance de quarante-deux centimètres pour les petits, de cinquante à soixante centimètres pour les moyens, et d'un mètre pour les gros. Semés à l'époque prescrite ci-dessus, les choux d'Yorck, en terrain hâtif, forment leurs pommes depuis la mi-avril jusqu'en mai, et les autres successivement jusqu'en août. Si l'on sème : 2° dans les premiers jours de février, sur couche; 3° fin du même mois et au commencement de mars, sur plate-bande terreautée, au pied d'un mur, au midi ; 4° courant de mars, en pleine terre, après avoir terreauté, les plantes provenant de ces semis sont mises en place fin de mars et courant d'avril ; leur produit succède à celui des semis d'automne, et se prolonge jusqu'en novembre et décembre. On pourrait, à la rigueur, semer les grosses espèces jusqu'en avril, et les petites pour ainsi dire toute l'année ; mais il y aurait peu d'avantage, les choux de Milan étant préférables pour les semis tardifs de printemps. Le chou de Poméranie, toutefois, fait exception ; la saison que nous venons de nommer paraît être la meilleure pour son semis.

Les choux, en général, et particulièrement les gros choux pommés, demandent une bonne terre, un peu consistante et bien fumée ; lorsqu'elle est naturellement fraîche, ils en deviennent plus beaux et plus gros. Pour les semis, la terre doit être plutôt légère que forte, bien ameublie, un peu ombragée ; ce dernier point est essentiel pour les semis de printemps et d'été.

Choux verts ou *non pommés*. — On réunit sous cette dénomination plusieurs variétés qui ne forment point de pommes, et dont les unes sont vertes, les autres rougeâtres, violettes, panachées, etc. Ces choux résistent mieux au froid

que ceux des autres divisions, et la plupart ne
sont bien bons à manger que lorsque la gelée
en a attendri les feuilles. On en mange également, au printemps, les pousses nouvelles avant
le développement des fleurs : c'est ce qu'on
nomme brocoli-asperge. On ne coupe pas ces
choux comme les autres, quand on veut s'en
servir ; mais on casse les feuilles à mesure du besoin. Les variétés principales sont : le chou cavalier, grand chou à vache, chou en arbre, qui
s'élève jusqu'à deux mètres ; le chou caulet de
Flandre, qui ne diffère du chou cavalier que
par sa couleur rouge ; le chou vert branchu du
Poitou.

La plupart des choux verts sont susceptibles
de durer accidentellement trois ans et plus ;
mais on ne peut, en général, en attendre de
bons produits que jusques et compris leur seconde année, où ils fleurissent et donnent de la
graine.

Tous les choux verts sont d'une culture facile : on pourrait les semer pendant tout le
printemps, l'été et l'automne ; mais on le fait le
plus ordinairement en mars et en avril, pour
qu'ils donnent leur produit pendant l'hiver et à
l'entrée du printemps ; et en juillet et en août,

afin d'avoir les feuilles en été. On les plante à la distance de quatre-vingt-cinq centimètres ou d'un mètre.

Chou-navet. — Celui-ci produit en terre une racine charnue, semblable à un gros navet oblong. Il résiste aux plus grands froids, et on ne l'arrache qu'au besoin.

Chou-rutabaga, *navet de Suède.* — Assez semblable au précédent, mais à racine beaucoup plus arrondie, jaunâtre, plus nette, plus prompte à se faire, il mérite la préférence comme légume. Semer clair, en place, depuis la mi-mai jusqu'à la mi-juillet. On peut aussi le transplanter. Il est presque aussi rustique que le chou-navet, et peut être laissé dehors l'hiver.

PERSIL. — Le persil, dont on distingue plusieurs variétés, le frisé, le nain très-frisé qui monte très-lentement, le persil à larges feuilles, etc., se sème presque pendant toute la belle saison et ne monte à graine que l'année suivante. Pendant l'hiver, on couvre la plante, si l'on veut la préserver des gelées, des neiges, etc., et profiter de ses produits.

CERFEUIL. — Le cerfeuil, comme le persil, se sème à peu près à toutes les époques; seulement on choisit, selon le moment, une exposition différente. Au printemps, c'est le midi qu'il faut prendre, et pendant l'été, le nord. Les principales variétés, outre la variété connue, sont le cerfeuil frisé et le cerfeuil musqué.

PLANTES MÉDICINALES.

Nous croyons devoir indiquer ici les noms de quelques-unes des plantes médicinales qui peuvent entrer dans un jardin potager, y occuper peu de place, et rendre cependant de grands services.

Emollients. — Guimauve, mauve, lin.

Pectoraux émollients. — Violette, bouillon blanc.

Diurétiques émollients. — Chiendent, pariétaire officinale, bourrache officinale.

Rafraîchissants. — Réglise, épine-vinette.

Narcotiques. — Jusquiame noire, belladone, ciguë, datura, pavot, morelle noire.

Excitants aromatiques. — Sauge, romarin, lavande, mélisse, marjolaine.

Stomachiques toniques. — Gentiane, petite centaurée, trèfle d'eau, absinthe, camomille romaine.

Dépuratifs. — Bardane, chicorée sauvage, pissenlit, houblon, fumeterre, patience, saponaire, douce-amère.

Antiscorbutiques. — Raifort sauvage, cochléaria, moutarde, cresson.

Purgatifs. — Rhubarbe, concombre sauvage, bryone, ellébore noir, ricin, gratiole.

Astringents. — Rose de Provins, tormentille, historte.

FLEURS.

Pour l'établissement d'un jardin où domine la culture des fleurs, on doit : 1° profiter de tout ce que la nature a fait d'elle-même; 2° il ne faut pas rendre le jardin trop touffu près des habitations, sans le découvrir cependant; 3° enfin, disent MM. Denis et Rouard, le jardin doit, autant que possible, paraître plus grand qu'il ne l'est réellement. Un jardin d'agrément est presque toujours moitié plus long que large ; il faut tenir compte aussi de l'espace occupé par la maison. Du reste, il vaut mieux avoir peu et bien soigner. Les bosquets d'arbres verts ne doivent pas manquer, non plus qu'un petit bassin ou pièce d'eau. Les allées, qui ne demandent pas de symétrie, seront établies d'après la disposition et l'étendue du sol ; en général, on doit s'appliquer à copier la nature.

Pour le choix des graines destinées à chaque espèce de terre, on doit savoir que les oignons se plaisent mieux sur les sols légers, et les racines sur les terres fortes. Au bas des plates-bandes on met les oignons et les petites fleurs les plus rustiques, c'est-à-dire qui ne gèlent pas et qui viennent à peu près partout, comme les tulipes communes, les narcisses, les jacinthes, les couronnes impériales, etc. Dans le milieu on place le lilas de Perse, les chèvrefeuilles, les genêts d'Espagne, et les rosiers de toute espèce. Les grosses fleurs vivaces, comme le lis, les iris d'Allemagne, la valériane grecque, les ancolies, les pivoines, les giroflées jaunes ou musquées, les chrysanthèmes d'automne, la vierge d'or, les phlox, les dahlias, sont semés entre ces arbrissaeux. A côté de la bordure on met des fleurs printanières, telles que des primevères, des marguerites, des violettes, des corbeilles d'or, des perce-neige, etc. On a ensuite, pour la saison d'été, les œillets de poète, d'Espagne, les croix de Jérusalem, les campanules, les juliennes, les digitales, les immortelles,

les scabieuses, etc. En troisième lieu, et pour la dernière saison, on plante des amaranthes trico-lores, des œillets, des roses d'Inde, des reines-marguerites, des balsamines, des zinnies, des belles de nuit qui restent en fleurs jusqu'aux ge-lées. La semaille a lieu sur couche, au printemps pour les graines qui lèvent facilement, et à l'au-tomne pour celles d'abrisseaux dont la levée est plus difficile. On ne repique que des plants assez forts et sur une terre bien ameublie. Les arro-sements ne doivent pas être oubliés pendant tout le temps des grandes chaleurs, et l'on doit même répéter l'opération soir et matin. Au lieu de repiquer en pleine terre, on peut aussi met-tre en pots, ce qui permet de changer aisément les fleurs de position.

(*Barrau, Bentz* et *J.-A. Chrétien,* de Roville.)

CHAPITRE XI.

Notions sur la plantation, la culture, la greffe et la taille des Arbres fruitiers.

Les arbres fruitiers ne prospèrent ni dans des terrains sableux trop meubles, ni dans les sols argileux, tenaces et froids; ils se plaisent surtout dans les terres chaudes, sèches ou d'humidité moyenne, et pourvues d'une richesse suffisante. Les terrains marécageux ou très-pierreux ne sont guère propices aux arbres fruitiers.

Exposition et climat.

Une pente légère dans une exposition abritée, est très-favorable aux arbres fruitiers : ils y peuvent mieux jouir de l'influence de l'air et du soleil; une pente trop rapide ne leur convient pas. Lorsque les arbres sont situés au midi, leurs fruits mûrissent plus vite, ils deviennent plus doux et plus savoureux.

Les pêchers et les abricotiers exigent une situation chaude, abritée des vents froids. Les climats brumeux, où il règne souvent des vents impétueux, surtout pendant la fleuraison, ne conviennent pas du tout aux arbres à fruits.

Transplantation des arbres.

Lorsqu'on achète de jeunes arbres, il faut tenir surtout à n'en avoir qu'à tige saine et non endommagée. En plantant un arbre d'une belle venue, il réussira presque toujours bien, si on lui donne l'exposition, le sol et les soins convenables; mais un arbre rabougri prospérera rarement.

N'achetez des plants d'arbres que chez les pépiniéristes connus pour leur probité, et qui garantissent l'exactitude des noms indiqués. En s'adressant à des pépiniéristes obscurs, qui ne présentent aucune garantie, il arrive fréquemment qu'on est trompé.

Il est très-utile de transplanter tous les arbres en général, et les arbres à fruits en particulier, à l'automne plutôt qu'au printemps, pourvu que la place qui leur est destinée

ne soit pas exposée aux inondations; là où cet inconvénient
en est à craindre, on est forcé de transplanter au printemps :
car si, par malheur, les racines viennent à être submer-
gées avant d'avoir repris, elles pourrissent, et l'arbre périt.
Mais que l'on transplante à l'automne chaque fois que cela
est possible, on est sûr de gagner une année entière, tout
en mettant les arbres à même de résister mieux à la sécheresse. Il est fort avantageux d'ouvrir la fosse destinée au
jeune arbre assez longtemps avant la plantation; on fera
très-bien aussi de laisser cette fosse ouverte pendant l'hiver,
pour faire subir à la terre l'influence des gelées chaque fois
qu'il sera possible.

Il est toujours très-vicieux de planter les arbres trop
rapprochés les uns des autres; non-seulement ils se trouvent gênés dans leur croissance, mais encore les fruits perdent en qualité et en beauté : outre cela, le terrain environ-
nant se trouvant trop ombragé, on ne peut rien y récolter.

En établissant un verger, on plante les arbres en
carré ⁚⁚ ou en quinconce ⁚·⁚ les pommiers et les poiriers
à hautes tiges se placent à 12 ou 13 mètres de distance;
les noyers et les châtaigniers, de 13 à 15 mètres; les cerisiers à fruits doux, les pruniers, de 5 à 6 mètres; les cerisiers à fruits aigres, les mûriers, les pêchers, les abricotiers, les amandiers, les cognassiers, à 4 ou 5 mètres. Une
chose importante est que les arbres soient plantés en lignes
droites, parce que le terrain où ils se trouvent est plus facile à cultiver.

La fosse dans laquelle on veut planter l'arbre se fait plus
ou moins grande, suivant l'importance du plant et la qualité du sol. Sur bonne terre, on donne à ces fosses 70 centimètres à un mètre de diamètre, et autant de profondeur;
sur un sol de mauvaise qualité, on élargit et on creuse davantage, pour remplir cette fosse avec de la bonne terre.
Le tuteur, qui doit s'élever au-dessus du sol à une
hauteur égale à celle de l'arbre, s'implante droit au milieu
de la fosse, de manière que l'extrémité de ce pieu pénètre
à 30 centimètres au-dessous des racines du plant; on attache ce dernier au tuteur avec des liens de paille ou d'o-
sier. Pour que le support ne vienne pas à être trop serré
contre l'arbre au point de l'endommager, on dispose les
liens de manière à ce qu'ils se croisent entre le plant et le
tuteur, et prennent la forme du chiffre appelé huit (8).

Ne faire arriver le tuteur que jusque sous la couronne de l'arbre est une mauvaise méthode; le tronc seul se trouvant fixé, la couronne n'a aucun point d'appui pour résister aux coups de vent, qui peuvent facilement la briser ou la mutiler. Il est donc beaucoup plus avantageux de donner au tuteur une hauteur suffisante, pour que la tête de l'arbre puisse être solidement maintenue.

Dès que la fosse est préparée, on opère la taille et l'habillage du sujet que l'on veut planter. A cet effet, on rabat les branches latérales de la couronne, à 16 ou 20 centimètres, en laissant à la branche du milieu une longueur de 30 à 40 centimètres; lorsqu'on plante les arbres en automne, on n'en taille les branches qu'au printemps suivant. Pour l'habillage des racines, on coupe celles des côtés à 30 ou 40 centimètres, de manière que la tranche soit toujours dirigée vers la terre; quant au pivot, on le laisse intact. Moins un arbre a de racines, plus il faut rogner la couronne; car il est fort important, pour la prospérité de l'arbre, que ses racines et ses branches se trouvent en équilibre.

Après avoir opéré l'habillage du jeune arbre, on le plante dans la fosse, puis on le fixe du côté du levant du tuteur, ce qui le met à l'abri de la grêle, celle-ci venant ordinairement de l'occident. Il est nécessaire de bien dégager les racines pour qu'elles ne restent pas entre-croisées, et de poser l'arbre de manière que ses plus fortes racines soient tournées vers l'occident, parce que c'est de ce côté-là que viennent les vents les plus impétueux. La manière de combler la fosse n'est pas indifférente. Après avoir étendu convenablement les racines au fond du trou, on les couvre de bonne terre fine, à hauteur d'une main, en secouant l'arbre plusieurs fois pour que la terre en entoure bien les racines; puis on tasse avec les pieds, et l'on comble avec la terre qui reste, en ménageant une petite butte au pied de l'arbre, vu que le sol s'affaisse plus tard. Lorsque le terrain est très-sec, il est fort utile d'y jeter quelques seaux d'eau; cette précaution est plus nécessaire au printemps qu'en automne. En transplantant un arbre, il ne faut pas l'enterrer plus profondément qu'il ne l'a été dans la pépinière: c'est là un point très-important. Ainsi, la fosse, ayant juste la profondeur à laquelle l'arbre s'est trouvé dans la pépinière, on commence par mettre au fond de ce trou une couche de terre fraîche, qui occupe au moins le sixième de la cavité; c'est sur cette couche de terre meuble qu'on pose l'arbre, en sorte que, par l'affaissement qu'il subit, il ne dépasse pas la profondeur où il a été d'abord.

Pour les arbres aussi, une certaine alternance est avantageuse. Ainsi, avant de planter un arbre à la place où il s'en est trouvé un autre, il sera toujours convenable d'y cultiver d'abord, pendant quelques années, des graminées ou des légumineuses, et de ne pas faire succéder les uns aux autres des arbres de la même espèce.

S'il survient des gelées en automne ou au printemps, il ne faut pas arracher les jeunes arbres pour les faire voyager ou pour les transplanter, car leurs racines pourraient facilement en souffrir.

Lorsque, pendant l'été, il règne une forte sécheresse, il arrive fréquemment que les arbres nouvellement plantés, qui ont bien repris, laissent tomber leurs feuilles; dans ce cas, il est nécessaire d'avoir recours à de fréquents arrosages : alors les arbres poussent à la seconde sève.

Soins à donner aux arbres transplantés.

Les arbres transplantés d'après les règles précédentes ont besoin, par la suite, de certains soins.

Pour que l'humidité ait toujours un accès suffisant auprès des racines, il est nécessaire de tenir la terre bien meuble à un rayon d'environ deux mètres autour de l'arbre; à cet effet, on la retourne tous les ans à l'automne. Pendant l'été, on a soin de détruire les mauvaises herbes qui se présentent. Ces opérations ne sont nécessaires que pour les arbres plantés sur des terrains gazonnés; elles sont superflues en terres cultivées.

Dans les vergers, il faut éviter la culture des plantes dont les racines pénètrent profondément en terre, et qui peuvent enlever la nourriture aux racines des arbres; dans cette catégorie se trouvent particulièrement la luzerne, l'esparcette, le trèfle, la chicorée sauvage.

Pour que les arbres plantés sur des terrains non cultivés donnent toujours un produit convenable, il est nécessaire de les fumer quelquefois; mais il est bon de savoir que tout engrais animal récent, appliqué immédiatement sur les racines, est très-nuisible aux arbres : un fumier bien consommé, au contraire, est très-propice. Pour fumer les arbres fruitiers, il est utile de se servir de compost.

Il faut gratter les vieux troncs pour en faire disparaître la mousse, dans laquelle beaucoup d'insectes logent leur nourriture ; et l'on doit ratisser avec un balai court les poches de chenilles attachées aux fourches des branches, on les écraser avec la main couverte d'un gant. (*Z.-A. Schlipf.*)

De la multiplication des arbres fruitiers par la greffe et des principaux modes d'exécution de cette dernière.

La greffe est une portion vivante d'un végétal que l'on unit à un autre végétal avec lequel elle s'identifie et y croît comme sur son pied-mère, lorsque toutefois l'analogie entre les individus ainsi rapprochés est suffisante.

Pour que la greffe réussisse, deux conditions sont indispensables : 1° les vaisseaux séveux du sujet doivent coïncider parfaitement avec ceux de la greffe, c'est-à-dire que les couches les plus jeunes de l'aubier et du liber des deux objets doivent bien correspondre entre elles, car c'est là que se trouvent les canaux séveux ; 2° on ne doit pas placer une greffe sur un sujet avec lequel elle n'aurait pas une grande analogie, soit dans la structure, soit dans la composition des sucs, soit même dans la force de végétation. Ainsi, on greffe poirier sur pommier ; mais le rosier sur le houx, par exemple, ne pourrait réussir.

La greffe doit s'effectuer par une température assez douce, et il est important de ne rien négliger pour que la plus grande quantité possible de sève arrive vers la partie opérée. Pour cela, on coupe les bourgeons au-dessous des greffes.

On connaît beaucoup de manières de greffer ; mais nous ne parlerons que de celles qui sont le plus en usage.

Pour la greffe en fente, on recueille en janvier ou février les scions que l'on veut enter sur d'autres arbres ; on les fiche en terre par leur bout inférieur, et on les laisse ainsi jusqu'à ce qu'on veuille les employer. Lors de l'ascension de la sève, on coupe horizontalement, à la hauteur que l'on juge convenable, la branche ou le tronc du sujet que l'on veut greffer ; on fait ensuite une ouverture verticale de quatre ou cinq centimètres de profondeur, et c'est dans cette fente que l'on place la greffe. Quant à celle-ci, voici les précautions à prendre : on détache des scions que l'on a détournés, un tronçon ayant deux ou trois yeux ; on y laisse une longueur de quatre à six centimètres ; on en taille l'extrémité en biseau, de façon que la partie qui doit être en dehors se trouve plus épaisse que celle que l'on introduit en dedans ; le greffoir sert ensuite à ouvrir la fente du sujet dans laquelle on place la greffe, en ayant soin de prendre attention à mettre en contact et à faire correspondre entre elles les parties intérieures des peaux des deux objets que l'on unit. Cette opération terminée, on lie, puis on place l'onguent de saint Fiacre ou la cire à greffer.

Telle est la marche à suivre lorsque le sujet est plus gros que la greffe ; mais il peut se faire que tous les deux soient de la même grosseur. Dans ce dernier cas, la taille de la greffe doit avoir la forme d'un coin ; on fend le sujet diamétralement, et on place la greffe toujours de manière que les libers se correspondent ; de cette façon, on peut faire deux ou trois fentes au sujet et avoir plus de chances pour la réussite. Cette dernière méthode se nomme greffe d'ourche ; on l'appelle aussi quelquefois greffe en couronne ; et pour qu'elle réussisse bien, il faut que le sujet soit bien en sève ; mais il n'en est pas de même pour la greffe, car elle se dessécherait. Il faut donc conserver les rameaux au moyen desquels on veut effectuer cette dernière, de façon que la végétation en soit retardée, et qu'elle soit sur le point d'entrer en sève seulement lorsqu'on exécute l'opération. Pour cela, on les met en terre, à l'exposition du nord, jusqu'au moment de greffer.

On greffe aussi en fente à l'automne ; la greffe ne pousse pas, parce que la sève du sujet n'est plus assez abondante, mais elle s'unit au sujet, et se prépare à marcher vigoureusement au printemps suivant.

Sur les sujets trop gros pour qu'on puisse les fendre, on pratique une sorte de greffe en couronne, qui consiste à placer la greffe entre l'écorce et le bois, au moyen d'un petit coin qui a préparé l'ouverture. On taille la greffe en biseau, et on l'enfonce à une profondeur d'environ 4 centimètres, en ayant soin d'appliquer le biseau contre l'aubier du sujet. Si l'écorce s'est fendue, il faut la lier avant de mettre la cire.

Pour greffer en chalumeau ou en flûte, on coupe la tête
du sujet à un endroit où l'écorce puisse se séparer facilement; on la divise en lanières de quelques centimètres
que l'on fait retomber sur elles-mêmes; puis on met à la
même place l'écorce de la greffe, que l'on a enlevée avec
précaution, de manière qu'elle forme une sorte d'anneau qui
doit être muni d'un bouton ou œil. Si cet anneau est trop
étroit, on l'ouvre, et l'on remplit l'espace vide par l'écorce
du sujet. Les autres soins sont les mêmes que ceux indiqués
précédemment.

La greffe en écusson peut avoir lieu de mai en juillet, ou
depuis juillet seulement jusqu'à ce que la seconde sève s'arrête. La première est dite à œil poussant, et la seconde à
œil dormant. On ne laisse se développer que les bourgeons
de la greffe, afin qu'ils soient plus forts. Lorsque l'écusson
est repris, on coupe la partie du sujet qui reste au-dessus,
en y ménageant, comme le recommande le *Bon Jardinier*,
quelques feuilles pour attirer la sève, et lorsque l'écusson
marche on supprime tout ce qui reste au-dessus. Pour activer la sève, il n'est pas sans utilité de donner de l'eau au
sujet de temps en temps.

Quand on coupe les rameaux dont on veut se servir pour
enter en écusson, il est très-important de savoir bien distinguer les yeux les mieux nourris; ils sont ordinairement
sur la partie moyenne de la branche; ceux du haut sont
ordinairement trop forts, et ceux du bas trop faibles; les
feuilles doivent être coupées au milieu de leurs pétioles,
afin de ne pas sécher les rameaux.

Lorsqu'on enlève l'écusson, il faut avoir bien soin, avant
de le poser, d'ôter le bois qui pourrait y être resté adhérent;
si, en effectuant cette opération, on enlève le cœur de l'œil,
l'écusson est perdu. Le meilleur moyen de prendre l'é-
cusson sans l'endommager, consiste à enlever une lanière
d'écorce tout autour de cet écusson, sous lequel on passe
ensuite, au moyen du greffoir, un fil qui sépare le bois de
l'écorce.

Aussitôt qu'il a été levé, dit Vilmorin, l'écusson doit être
mis en place; on coupe l'écorce du sujet en forme de T,
on soulève les lèvres avec la spatule du greffoir que l'on
coule à droite et à gauche sous l'écorce. Pendant cette opération, dont il est facile de comprendre le but, on tient à la
main l'écusson, puis on l'introduit dans la fente, parallèle-

ment au sujet, en appuyant légèrement sur la queue et sur la saillie de l'écusson ; celui-ci s'unit plus tard au sujet, par sa face interne.

En coupant la tête du sujet aussitôt après avoir gr ffé, on peut déterminer l'écusson à œil dormant à pousser avant l'hiver, mais on a à redouter les gelées.

Principes généraux relatifs à la taille des arbres fruitiers.

Dans la taille des arbres on a pour but, non pas précisément d'augmenter la masse des produits, mais de leur faire acquérir les qualités les plus remarquables, soit sous le rapport du volume, soit sous le rapport de la saveur, tout en donnant au végétal la forme qui paraîtla plus convenable. La taille consiste donc à retrancher d'un arbre les branches inutiles, soit parce qu'elles sont usées, soit parce qu'elles n'ont aucune bonne qualité ; et à faire en sorte que celles que l'on conserve, aient une longueur proportionnée à leur force et à celle de l'arbre, afin que celui-ci puisse aisément, produire autant de bonnes branches qu'on en a besoin, pour le fruit ou pour l'aspect.

La taille s'effectue assez ordinairement après les plus fortes gelées ; on commence assez souvent en décembre ou janvier, pour continuer jusqu'en avril. Les pommiers et les poiriers sont les arbres qui subissent ordinairement les premiers l'opération de la taille, parce qu'ils craignent peu les frimas.

En général, on taille les fruits à pépins pendant la plus mauvaise saison, et les fruits à noyaux en février ou en mars. On taille les pêchers lorsqu'ils sont près de fleurir.

On doit avoir égard, dans la taille, à l'espèce, au mode de végétation, et à l'état de santé de l'arbre sur lequel on va opérer, à la place qu'il occupe, et à la forme qu'on a résolu d'y donner. Pour l'espalier, on choisit le cerisier, l'abricotier, le pêcher ; le pommier, le poirier et le prunier peuvent venir à peu près partout et sous toutes les formes.

Pour bien exécuter la taille, il est utile de savoir bien connaître les différentes sortes de branches ; on en distingue six : 1° les branches à bois, 2° les branches à fruits, 3° les branches d'espérance, 4° les branches de faux bois,

5° les branches chiffonnes, 6° enfin les branches gourmandes.

Selon M. de Chambray, les jardiniers ont tort de distinguer plusieurs espèces de branches à fruit, car il n'y en a qu'une sorte; seulement elles sont plus ou moins longues. On ferait mal de ne réserver, au moment de la taille, que celles qui sont courtes ou trapues, car parmi les grandes, comme dans le bon-chrétien d'été, par exemple, beaucoup sont à fruit.

On reconnaît les branches à fruit à leurs boutons ronds et saillants, tandis que les branches à bois n'ont que des yeux; ces dernières doivent servir à donner à l'arbre la forme qu'on veut qu'il prenne. Les branches disposées horizontalement sont presque toujours les plus fécondes; les branches d'espérance sont médiocres; celles de faux bois se trouvent sur les bonnes branches à bois. Les branches chiffonnes sont minces et quelquefois assez longues; on doit les couper sans exception. Les gourmandes sont de longs jets qui naissent sur les grosses branches.

D'après ce qui précède, on coupe les branches à bois, les chiffonnes et les gourmandes, à moins qu'on n'ait besoin de celles-ci pour remplir les vides. Quant aux branches à bois qui forment la tête de l'arbre, on les coupe depuis dix jusqu'à trente centimètres.

Si quelques branches à fruit sont trop longues et trop faibles, il faut un peu les raccourcir. On se contente de couper l'extrémité des autres, afin que les boutons à fruit profitent mieux; on laisse peu de bois aux arbres faibles, les grosses branches étant les seules qui portent.

On taille les arbres vigoureux fort long, et, lorsqu'on n'a pas de fruits malgré cette précaution, on coupe alors le vieux bois, si c'est un jeune arbre. Si au contraire c'est un vieux sujet, on le laisse aller, ou bien on retranche une ou deux des plus grosses racines. L'année suivante, la sève est plus modérée.

Pour mieux former les branches d'un arbre, disent Denis et Rouard, on doit, en général, le tailler avant les deux premières années. On taille ensuite plus long lorsque le végétal pousse trop en bois, ou même on ne taille plus; quand les branches sont très-chargées de bon bois, on en retranche une partie, selon leur force et leur longueur. Les espaliers doivent être taillés plutôt trop courts que trop longs.

Les arbres greffés sur cognassier se taillent plus courts que ceux qui sont greffés sur franc, parce que ces derniers poussent plus de bois et qu'il faut les faire tourner à fruit, tandis que pour les autres on doit favoriser la croissance du bois. Si les branches s'éloignent trop, on taille de façon à les rapprocher, en ménageant des yeux du côté des vides.

Selon le terrain, les arbres nains sont traités différemment. Dans une terre forte, on les tient plus ouverts que dans un sol siliceux, et, s'il s'agit d'arbres à fruits d'hiver, on ouvre davantage dans le milieu que pour ceux qui donnent des fruits d'été.

Lorsqu'on veut enlever une branche entièrement, il faut la couper tout près de la tige. Par ce moyen, les plaies se recouvrent plus vite. On doit avoir soin aussi de ne laisser croître aucune racine au collet de l'arbre.

D'après la méthode Dalbret, c'est la forme carrée qu'il faut préférer pour le pêcher; car on évite ainsi les vides qui se produisent de chaque côté de l'arbre, et ce dernier finit par couvrir entièrement le mur contre lequel il est placé lorsqu'il est mis en espalier.

Pour bien conduire un pêcher, il faut, dit le *Bon Jardinier*, savoir : 1° que tous les boutons à bois de cet arbre forment des branches; 2° que les branches supérieures sont celles vers lesquelles la sève est surtout disposée à se porter; 3° si une branche l'emporte sur une autre, on laisse la plus faible croître en liberté, et on pince la première une ou deux fois; 4° pour obtenir des branches de remplacement, on favorise le développement du bouton à bois placé au bas des branches à fruits; 5° on ne doit ouvrir les branches à 45 degrés qu'à la 5e ou 6e année; 6° par une taille convenable, on peut éviter les effets de la distinction des branches à bois et des branches à fruits, et il faut préférer l'ébourgeonnement à œil poussant à l'ébourgeonnement sec.

Les pêches qui ont passé un jour ou deux dans la fruiterie sont meilleures.

Examinons maintenant ce qu'il convient de faire successivement, à partir de l'instant où l'arbre peut être taillé. La première année, on laisse ce qu'il faut de bonnes branches, et on les coupe au second ou au troisième œil, selon leur force. On rabat la partie morte de la tige jusqu'à la

première branche qui a poussé. Dans le cas où les branch
de la première année seraient trop faibles, on les coupera
assez près de la tige pour ne laisser qu'un œil.

S'il n'y avait qu'une branche à la partie supérieure d
l'arbre, il faudrait la couper pour qu'il en poussât d'autre
l'année suivante. En supposant qu'il y eût deux branche
dont l'une seulement serait bien placée, il faudrait les coup
toutes les deux. Cependant, si elles étaient du même côt
on pourrait tailler celle d'en haut à trois ou quatre yeux,
couper celle d'en bas près de la tige, pour avoir des
branches à fruits; mais si la branche de dessous était plu
grosse que celle de dessus, on ôterait cette dernière, o
taillerait l'autre à trois ou quatre yeux, puis on couperait l
tige près de la branche conservée. On doit le moins possib
couper à un arbre dans l'intervalle d'une taille à l'autre
On agit pour un arbre recépé comme pour un jeune.

C'est dès la seconde année que l'on commence à distin
guer les branches à bois de celles à fruits; ces dernière
doivent surtout remplir le même rôle que les précédentes
si la végétation est très-active. La troisième année, o
s'occupe à disposer l'arbre à rapporter du fruit; s'il es
productif, il donnera peu de bois. Lorsqu'un arbre es
placé dans des circonstances très-favorables à sa végéta
tion, il est assez difficile de distinguer chaque espèce d
branches dans la multitude qui pousse. On doit conserve
les meilleures branches à bois, ôter les branches à fruit
les plus faibles s'il y en a trop, et couper toutes les chif
fonnes.   (*Bentz et Chrétien*, de Roville)

Conservation des Fruits.

Pour avoir une bonne fruiterie, il faut nécessairement
établir une espèce de tambour devant la porte d'entrée, e
n'ouvrir celle-ci qu'après avoir fermé la porte du tambour
puis refermer toutes les deux sur soi; il faut aussi avoir
soin de tenir les fenêtres bien closes.

On doit éloigner la fruiterie du fumier, des écuries, de
tout ce qui a une odeur forte; ce lieu ne doit servir qu'à
conserver les fruits; le plus souvent, et très-mal à propos,
on en fait une sorte d'entrepôt.

Le moment de cueillir le fruit d'hiver dépend du climat et

de la saison; pour celui d'été, il vaut mieux le cueillir sur l'arbre, à son point de maturité, il en est plus parfumé. J'ajouterai que dans les pays froids le fruit craint moins de rester plus longtemps sur les arbres que dans les pays chauds, parce que la maturité y est moins prompte; mais il ne faut pas se laisser surprendre par les gelées.

Quelques amateurs gardent des pommes des années entières, et jusqu'à deux ans, dans des caves ou souterrains où l'air, moins sec, moins subtil que celui du dehors, au lieu de pomper le suc des fruits, les entretient frais, au contraire; ils ont la précaution de ne pas approcher ces pommes trop près les unes des autres, et de les ranger sur des tablettes couvertes d'une mousse fine et tendre qu'on a soin de battre au soleil chaque fois qu'on veut la faire servir de nouveau. Chacune de ces pommes est placée à deux doigts de distance de sa voisine; elle s'enfonce doucement dans cette mousse, qui se relève entre deux : de sorte que celle qui vient à se gâter ne communique point son mal aux autres.

Si l'on est assez heureux pour avoir un caveau avec les qualités requises, sans y mettre des tablettes, ni revêtir les murs de planches, on y place une ou deux échelles doubles, plus ou moins, suivant l'étendue du lieu; on laisse des sentiers autour des échelles; on ouvre celles-ci, et l'on pose des planches bordées de lattes, d'un échelon à un autre, ce qui forme des étages dont les plus larges se trouvent en bas et servent pour les fruits communs, qui sont en plus grande quantité; les moins vastes, en haut, sont destinés aux fruits les plus distingués : on a soin de faire souvent la visite, pour ôter à mesure les fruits pourris et emporter ceux qui sont faits. Quelques curieux, quand ils ont de magnifiques poires et de beaux raisins qu'ils veulent conserver pour des occasions, passent un fil au milieu de la queue, puis ils couvrent la plaie et le bout de la queue d'une goutte de cire d'Espagne; après quoi, mettant ces fruits dans un cornet de papier, ils font sortir ce fil par la pointe du cornet, pour les suspendre par là, le cornet étant bien fermé par les deux bouts, afin d'empêcher toute impression de l'air extérieur, dont l'action est la cause principale qui fait gâter les fruits. Pour garder ceux-ci, il faut donc les garantir de tout contact avec l'air extérieur. Des fruits placés sous le récipient d'une machine

8*

pneumatique, quand on a fait le vide, s'y conservent jusqu'à ce qu'ils soient remis à l'air. Quelques-unes les placent
dans des boîtes seulement fermées hermétiquement; d'autres mettent dans ces boîtes, avec les fruits, du son, lit
par lit, ou bien encore ils les y enveloppent avec précaution dans du regain.

FIN.

TABLE ALPHABÉTIQUE.

DES MATIÈRES.

FIN DE LA TABLE.

Vannes, — Imprimerie de Gustave DE LAMARZELLE.

SOCIÉTÉ D'AGRICULTURE DE LA GIRONDE.

Bordeaux, le 26 septembre 1854.

A M. GROLLIER, avocat.

La Société d'agriculture de la Gironde a reçu votre livre
(l'AGRICULTURE DÉLIVRÉE), et elle l'a soumis à l'examen
d'une commission. Cette commission en a fait l'éloge et
a proposé que le titre de membre correspondant vous fût
accordé en récompense de vos utiles travaux sur l'agriculture.

Dans l'une des dernières séances de la Société, cette
proposition a été adoptée à l'unanimité.

Permettez-moi, Monsieur, en vous annonçant votre
nomination au titre de membre correspondant de la Société d'agriculture de la Gironde, de vous féliciter since-
rement sur vos importants travaux et sur le témoignage
d'estime qui vient de leur être donné.

Recevez, je vous prie, mes salutations très-empressées.

*Le secrétaire général de la Société d'agriculture
de la Gironde,*

DUPONT.

VANNES.-Imp. de Gustave de Lamarzelle.

www.ingramcontent.com/pod-product-compliance
Lightning Source LLC
Chambersburg PA
CBHW070246200326
41518CB00010B/1707